高等职业教育项目课程改革规划教材

人像图像处理

主　编　杜小丽
副主编　陈孝悦
参　编　蒋惊涛　郭振峰
主　审　汪立极

机　械　工　业　出　版　社

本书是一本根据项目课程教学模式编写的摄影设计专业关于人像图像后期处理的教材。本书通过项目向读者介绍了不同类型人像图像处理的实际操作流程，详细地讲解了 Photoshop 软件处理人像图片的相关工具和命令的使用，以及通道、图层、蒙板的学习和计算的方法及应用，曲线、通道混合器、可选颜色和 Lab 颜色调色的方法等。通过实际的工作案例引出了项目调研、图片分析、处理步骤和方法，以及项目评价等相关内容。

全书共由三个项目组成：项目 1 通过人物写真图像的处理，介绍了 Photoshop 软件基本工具的操作和命令的使用，学习人像图像处理的基本思路、图片分析和基本调色的方法；项目 2 通过婚纱摄影图像的处理，把重点放在婚纱人像调色的介绍，在项目展开的过程中使读者熟悉软件操作，并锻炼用多种方法解决实际问题的能力；项目 3 通过时尚人像图像的处理，学习人物面部和五官精修的方法，深入学习人像图像处理的知识要点。实际上最后一个项目结合了前面两个项目，无论是从对工作流程的熟悉、软件操作的熟练还是从对处理方法的掌握上，读者的技能都能取得较大提升。

本书从人像摄影图片通常存在的问题入手，由浅入深介绍相关的后期处理方法，涉及基本的色彩理论和软件操作，内容朴实详尽，着重以案例形式培养读者分析图片和灵活处理图片的能力。本书可作为高职高专院校摄影相关专业学生和摄影后期相关培训的教材，也适合从事人像数码后期工作的广大初、中级读者阅读。

本教材配有电子教案，凡选用本书作为教材的教师，可登录机械工业出版社教材服务网www.cmpedu.com 下载，或发送电子邮件至 cmpgaozhi@sina.com 索取。咨询电话：010-88379375。

图书在版编目（CIP）数据

人像图像处理/杜小丽主编. —北京：机械工业出版社，2013.8
高等职业教育项目课程改革规划教材
ISBN　978-7-111-43532-7

Ⅰ. ①人…　Ⅱ. ①杜…　Ⅲ. ①图像处理软件—高等职业教育—教材　Ⅳ. ①TP391.41

中国版本图书馆 CIP 数据核字（2013）第 177450 号

机械工业出版社（北京市百万庄大街 22 号　邮政编码 100037）
策划编辑：边　萌　　　　责任编辑：边　萌　邹云鹏
责任印制：乔　宇

北京画中画印刷有限公司印刷

2013 年 8 月第 1 版第 1 次印刷
184mm×260mm · 11.25 印张 · 276 千字
0 001—3000 册
标准书号：ISBN　978-7-111-43532-7
定价：58.00 元

凡购本书，如有缺页、倒页、脱页，由本社发行部调换

电话服务　　　　　　　　　　　网络服务

社 服 务 中 心：（010）88361066　　教 材 网：http://www.cmpedu.com
销 售 一 部：（010）68326294　　机工官网：http://www.cmpbook.com
销 售 二 部：（010）88379649　　机工官博：http://weibo.com/cmp1952
读者购书热线：（010）88379203　　**封面无防伪标均为盗版**

高等职业教育项目课程改革规划教材编审委员会

序

中国的职业教育正在经历课程改革的重要阶段。传统的学科型课程被彻底解构，以岗位实际工作能力的培养为导向的课程正在逐步建构起来。在这一转型过程中，出现了两种看似很接近，人们也并不注意区分，而实际上却存在重大理论基础差别的课程模式，即任务驱动型课程和项目化课程。二者的表面很接近，是因为它们都强调以岗位实际工作内容为课程内容。国际上已就如何获得岗位实际工作内容取得了完全相同的基本认识，那就是以任务分析为方法。这可能是二者最为接近之处，也是人们容易混淆二者关系的关键所在。

然而极少有人意识到，岗位上实际存在两种任务，即概括的任务和具体的任务。例如对商务专业而言，联系客户是概括的任务，而联系某个特定业务的特定客户则是具体的任务。工业类专业同样存在这一明显区分，如汽车专业判断发动机故障是概括的任务，而判断一辆特定汽车的发动机故障则是具体的任务。当然，许多有见识的课程专家还是敏锐地觉察到了这一区别，如我国的姜大源教授，他使用了写意的任务和写实的任务这两个概念。美国也有课程专家意识到了这一区别并为之困惑。他们提出的问题是："我们强调教给学生任务，可现实中的任务是非常具体的，我们该教给学生哪件任务呢？显然我们是没有时间教给他们所有具体任务的"。

意识到存在这两种类型的任务是职业教育课程研究的巨大进步，而对这一问题的有效处理，将大大推进以岗位实际工作能力的培养为导向的课程模式在职业院校的实施，项目课程就是为解决这一矛盾而产生的课程理论。姜大源教授主张在课程设计中区分两个概念，即课程内容和教学载体。课程内容即要教给学生的知识、技能和态度，它们是形成职业能力的条件（不是职业能力本身），课程内容的获得要以概括的任务为分析对象。教学载体即学习课程内容的具体依托，它要解决的问题是如何在具体活动中实现知识、技能和态度向职业能力的转化，它的获得要以具体的任务为分析对象。实现课程内容和教学载体的有机统一，就是项目课程设计的关键环节。

这套教材设计的理论基础就是项目课程。教材是课程的重要构成要素。作为一门完整的课程，我们需要课程标准、授课方案、教学资源和评价方案等，但教材是其中非常重要的构成要素，它是连接课程理念与教学行为的重要桥梁，是综合体现各种课程要素的教学工具。一本好的教材既要能体现课程标准，又要能为寻找所需教学资源提供清晰索引，还要能有效地引导学生对教材进行学习和评价。可见，教材开发是项非常复杂的工程，对项目课程的教材开发来说更是如此，因为它没有成熟的模式可循，即使在国外我们也几乎找不到成熟的项目课程教材。然而，除这些困难外，项目教材的开发还担负着一项艰巨任务，那就是如何实现教材内容的突破，如何把现实中非常实用的工作知识有机地组织到教材中去。

这套教材在以上这些方面都进行了谨慎而又积极的尝试，其开发经历了一个较长过程（约4年时间）。首先，教材开发者们组织企业的专家，以专业为单位对相应职业岗位上的工作任务与职业能力进行了细致而有逻辑的分析，并以此为基础重新进行了课程设置，撰写了专业教学标准，以使课程结构与工作结构更好地吻合，最大限度地实现职业能力的培养。其次，教材开发者们以每门课程为单位，进行了课程标准与教学方案的开发，在这一环节中尤其突出了教学载体的选择和课程内容的重构。教学载体的选择要求具有典型性，符合课程目标要求，并体现该门课程的学习逻辑。课程内容则要求真正描绘出实施项目所需要的专业知识，尤其是现实中的工作知识。在取得以上课程开发基础研究的完整成果后，教材开发者们才着手进行了这套教材的编写。

经过模式定型、初稿、试用、定稿等一系列复杂阶段，这套教材终于得以诞生。它的诞生是目前我国项目课程改革中的重要事件。因为它很好地体现了项目课程思想，无论在结构还是内容方面都达到了高质量教材的要求；它所覆盖专业之广，涉及课程之多，在以往类似教材中少见，其系统性将极大地方便教师对项目课程的实施；对其开发遵循了以课程研究为先导的教材开发范式。对一个国家而言，一个专业、一门课程，其教材建设水平其实体现的是课程研究水平，而最终又要直接影响其教育和教学水平。

当然，这套教材也不是十全十美的，我想教材开发者们也会认同这一点。来美国之前我就抱有一个强烈愿望，希望看看美国的职业教育教材是什么样子，因此每到学校考察必首先关注其教材，然而往往也是失望而回。在美国确实有许多优秀教材，尤其是普通教育的教材，设计得非常严密，其考虑之精细令人赞叹，但职业教育教材却往往只是一些参考书。美国教授对传统职业教育教材也多有批评，有教授认为这种教材只是信息的堆砌，而非真正的教材。真正的教材应体现教与学的过程。如此看来，职业教育教材建设是全球所面临的共同任务。这套教材的开发者们一定会继续为圆满完成这一任务而努力，因此他们也一定会欢迎老师和同学对教材的不足之处不吝赐教。

徐国庆

2010 年 9 月 25 日于美国俄亥俄州立大学

前　言

　　人像图像的后期处理主要是为了通过后期调整弥补前期的不足，如拍摄上的问题、模特的缺陷或造型的不足，或者可以通过后期处理丰富画面原有的想法，还可以在后期处理时创造特殊的画面效果。然而在拍摄时不宜依赖图片可以在后期处理好，还是应提前与顾客沟通好，做好人物的造型，做好摄影工作，前期做不到的或是将要超出成本预算的选择后期处理去弥补，比如模特的脸型如果化妆修饰效果不好，在拍摄时要尽量选择用适合的光线去修饰，努力付出以后仍然得不到想要的效果，则可以再用软件进行修饰。

　　本书以人像摄影类型的图片为例，讲解影楼摄影师和时尚人像摄影师拍摄完的图片要做的后期修饰。读者应具备基础的图像处理软件 Photoshop 的知识，学习时理论联系实际，结合学生个人所拍摄的图片解决实际问题。处理技巧与工具运用灵活多变，通常一种效果有很多种处理的方法。只有在学习当中掌握多种方法并灵活运用 Photoshop 的处理技术，才能想得到什么效果就能做到。另外，色彩理论和摄影知识也不可缺少，色彩是色调处理的灵魂，是人像图像处理的重点，要懂得色彩的相关理论，才会真正明白怎么去调色，而懂得摄影知识才知道要调到什么程度。

　　本书共有人物写真图像、婚纱摄影图像和时尚人像图像的处理三个项目，在每个项目里有相关的理论讲解、图片分析、处理步骤、作业及任务评价等环节，其特点突出体现在：

　　1. 项目情景　是以工作任务为导向设计的三个项目工作情景，均是解决实际问题的工作情境。

　　2. 任务分析　建立在拍摄策划、摄影和任务单的基础上，并结合客观因素找出图片存在的问题，探讨具体修饰的步骤。

　　3. 软件使用　通过人像类图片处理熟悉相关软件工具（Photoshop）的使用，掌握调色的原理和工具使用方法，灵活运用软件解决人像图片处理的问题。

　　4. 实操演练　通过反复练习，掌握多种处理图片的方法，深入理解所学知识要点。

　　不管是人物写真、婚纱摄影还是时尚人像摄影，其处理的效果可以有多种，本书每个项目选择了几种流行的方法进行教学讲解。在学习时要举一反三，反复巩固知识，同时辅以实际应用，平时要善于积累多种处理的方法和效果案例，这样读者才能把知识学得更扎实。

　　由于编者经验有限，书中难免有所不足，敬请读者提出宝贵意见。

编　者

目　　录

项目3 时尚人像图像的处理

项目 1　人物写真图像的处理

人物写真图像一般拍摄于影楼或工作室。在数码摄影时代，拍摄好的图片经常需要在后期改变前期的不足和拍摄上的问题，或是按画面意图调色，从而既节省成本又满足顾客的需求。本项目从近年流行的写真图片入手，学习使用Photoshop 对图片进行基本修饰、调色和整体调整。

学习目标

◇ 了解人物写真图像处理的流行趋势

◇ 掌握使用 Photoshop 调整构图的方法

◇ 掌握"仿制图章"、"修补"、"修复画笔"等工具的使用

◇ 理解人物脸型和身材的审美标准

◇ 按拍摄意图分析图片影调的问题

◇ 按拍摄意图分析图片的色彩关系

◇ 了解不同风格人物写真和主题人物写真的调色方法

◇ 了解主题人物写真单张照片与系列照片的关系

项目内容

◇ 建立人物写真图片资料库

◇ 对人物写真图片构图的调整

◇ 修饰人物和背景的瑕疵

◇ 按审美的标准调整人物的脸型和身材

◇ 根据人物影调问题调整画面黑、白、灰的关系

◇ 把偏色的图片调为正常的色调

◇ 根据人物写真的主题及创意要求对图片调色

◇ 按图片风格及图片所存在的问题进行整体修饰

本项目将依据表 1-1 的项目要求展开人像图像处理的任务。

表 1-1　项目要求

项 目 名 称	人物写真图像的处理
项 目 要 求	（1）初步练习时用教师提供的项目图片做修饰，以便掌握工具的使用和调色方法，课后练习用自己所拍摄好的图片做修饰，从而强化知识点的运用 （2）能结合拍摄时的想法完成后期修饰 （3）按人像图像处理的步骤灵活处理图片 （4）处理后效果符合市场审美标准 （5）解决实际问题
规 格 要 求	（1）用 TIF 或 JPG 的最大格式处理图片 （2）图片保存为 PSD 格式，并要保留好图层
备 　 注	在 3 课时以内完成对一张图片的处理

项目素材

1. 需要处理的图片　以下是由××摄影工作室提供的需要修饰的人物写真图片素材。按类型可分为不同风格人物写真（见图 1-1，图 1-2，图 1-3）及主题人物写真（见图 1-4）。

_MG_0290.jpg

_MG_0291.jpg

_MG_0336.jpg

_MG_0379.jpg

图　1-1

IMG_4578　　　　IMG_4579　　　　IMG_4583　　　　IMG_4587

图　1-2

IMG_4338　　　　IMG_4340　　　　IMG_4372　　　　IMG_4415

图　1-3

IMG_2854　　　　IMG_2857　　　　IMG_2863　　　　IMG_2869

IMG_2875　　　　IMG_2891　　　　IMG_2893　　　　IMG_2898　　　　IMG_2918

图　1-4

2. **任务单**　表 1-2 所示是人物写真图像后期处理的任务单。

表 1-2　任　务　单

图　名	后期处理风格	后期处理要求	备　注
图 1-1	自然色调	（1）调整构图问题 （2）去除人物皮肤痘痘、斑点和背景等瑕疵 （3）调整人物脸型和身材	图片的背景和底的问题较大
图 1-2	自然色调	（1）调整构图问题 （2）去除人物皮肤痘痘、斑点和背景等瑕疵 （3）依情况调整人物脸型和身材 （4）影调和色彩问题	基本修饰包括： （1）调整构图问题 （2）去除人物皮肤痘痘、斑点和背景等瑕疵 （3）调整人物脸型和身材 （4）影调和色彩问题
	中性调	（1）基本修饰 （2）调成中性调	中性调是一种艺术化的调整方法，它跟去色或再调一种色调略有区别。它指具体根据人物的暗面和亮面调色彩关系，让暗面和亮面带有淡淡的色彩，一般暗面偏蓝，亮面偏黄

（续）

图　名	后期处理风格	后期处理要求	备　注
图 1-3	偏紫蓝的流行色调	（1）基本修饰 （2）调成偏紫蓝的流行色调	流行色调是时下人物写真图片出现的调子次数较多的色调
图 1-4	怀旧风格	（1）基本修饰 （2）调成偏黄的怀旧风格	怀旧风格带有思念之情，时间把过去沉淀，照片呈昔日的黄色调
	低饱和度色调	（1）基本修饰 （2）降低色彩饱和度	降低画面色彩饱和度，往往会有一种厚重的效果，有内涵，让人有联想的空间

因不同的人物、不同摄影师对拍摄的图片效果和图片风格有不同的需求，于是图片或多或少存在构图、影调、色彩等方面未满足需求的问题，需要依据与顾客沟通时确定的拍摄风格来修饰图片。

任务1　人物写真图像处理项目分析

● 任务准备

（1）安装 Photoshop 软件。

（2）从以往所拍摄的人像图片中找出有构图问题的照片。

（3）准备好 U 盘或移动硬盘等可储存的电子设备。

（4）准备人物写真相关的图片资料。

● 任务实施

1.1.1　人物写真图像的流行趋势及其后期的处理方法

1. 人物写真图像的风格介绍　人物写真大致分为自然唯美、个性及简约时尚三种风格。自然唯美人物写真的后期处理是抓住人物特有的精神面貌，对画面色彩的偏差、构图等拍摄技术上的问题和人物瑕疵、身材比例关系等不足进行修饰；个性化的人物写真则按人物喜欢的色调和拍摄主题需求调色或修饰；简约时尚一般要塑造人物皮肤良好的质感，如果是特写要精修人物五官，例如图 1-1 的修饰与自然唯美人物写真类似，图 1-2 的修饰则在基本修饰的基础上按主题内容调色。

2. 主题人物写真　像拍摄电影一样，主题人物写真要采用特定的背景或环境以及相关的服装、道具及用光方式等，通过一系列图片的拍摄，使整体拍摄效果反映出一个时代或是一个民族的文化，也可以反映出一个完整故事，最后对这种拍摄命名，或是在拍摄之前先拟定一个拍摄题目，然后围绕着这个题目选择相关的背景、服装、道具及表现手法等。现在很多主题人物写真需要通过后期调色，使整组图片偏向某一色调进而更深刻地表达主题。

1.1.2　项目准备及项目分析

1. 人物写真图片资料的收集

（1）从网上收集资料。

（2）考察影楼或工作室。

（3）从身边所熟悉的人那里获取所拍的人物写真图片。

2. 分类整理 如图1-5所示，可将素材图片按自然唯美、个性、简约时尚、流行色调和主题人物写真分别整理至五个文件夹中。

自然唯美　　　　　个性　　　　　简约时尚　　　　流行色调　　　主题人物写真

图　1-5

3. 项目分析 阅读任务单，依照表1-3图片分析报告中图1-1所填的内容，分析并填写其他三组图片存在的问题至表中。

表1-3　图片分析报告

图　名	需要处理的内容	备　注
图1-1	（1）构图的调整：如IMG_0290.jpg （2）杂点、乱发：所有图片 （3）脸型和身材的调整：如IMG_0290.jpg、IMG_0291.jpg、IMG_0379.jpg	该组图片的影调和色彩符合任务单的要求，不用调整影调和色彩问题
图1-2		
图1-3		
图1-4		

任务作业

1. 整理个人所拍摄的人物写真图片，选择两组图片以供后期调整。

2. 从两组供后期调整的图片中选择一组，分析图片需要修饰的效果，分类整理做成PPT文档。

要求：（1）按拍摄策划对后期处理的效果进行规划。

（2）结合当初拍摄时对后期处理的设计思想。

（3）参考类似图片。

（4）如果有多种想法，则按不同效果分类。

任务评价

根据表 1-4 对任务 1 进行综合评价，满分为 100 分。

表 1-4　任务评价

评价内容	评价标准	评价			单项得分
		个人 （权重 0.2）	小组 （权重 0.4）	教师 （权重 0.4）	
职业素质 （20 分）	（1）爱护电脑、正确操作电脑并及时整理资料 （2）按时完成学习或工作任务 （3）工作积极主动、勤学好问 （4）有吃苦耐劳、团队合作的精神				
专业能力 （70 分）	（1）收集多种风格的人物写真图片，并且图片能代表行业水平 （2）把图片按老师建议的方法或个人需求分类 （3）能发现原片存在的问题并能确定需要处理成的效果 （4）能通过语言表达或类比相似的图片说明图片需要处理成的效果				
创新能力 （10 分）	对图片的分析很到位，并有自己的看法				
综合得分					

任务 2　人物写真图像的基本修饰

1.2.1　调整构图问题和去除杂点

　　基本修饰是要保持人物气质，不做破坏原有特点的修饰。在写真人像当中，很多人喜欢体现自然真实的写真照片，对于这些类型的图片我们需要把握人物气质对图片进行基本修饰，以符合人物原有的精神面貌。

　　按照摄影和画面审美的规律，要从模特本身、画面效果、相机问题、拍摄方法是否恰当等方面去完善画面的基本修饰，如果画面存在构图问题，则先从构图开始调整。

　　● **任务准备**

　　（1）从以往所拍摄的人像图片当中找出有痘痘、斑点等瑕疵的照片。

　　（2）准备好 U 盘或移动硬盘等可储存的电子设备。

　　（3）准备好与人物写真相关的图片资料。

● **拍摄说明**

拍摄参数：快门 1/125，光圈 16，ISO 100。

（1）从构图上来说，灯架的局部破坏画面构图，地面背景纸不完整，整个画面构图杂乱（见图 1-6）。

（2）人物皮肤的杂点、乱发和气球带子影响画面美感。

（3）拍摄时用了四盏灯，主光是正面光，从比人物高 15 公分的上方打向人物面部，主光与辅光的光比为 2:1，人物后面有两盏背景灯打亮白色背景，画面四周较中间稍灰（光位图见图 1-7）。

图　1-6

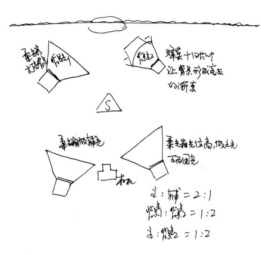

图 1-7　光位图

● **任务分析**

以图 1-1 为例，表 1-5 列出了 1.2.1 的阶段任务单。

表 1-5　阶段任务单

图　　名	后期处理风格	后期处理要求	备　　注
图 1-1	自然色调	（1）调整构图问题 （2）去除人物皮肤上的痘痘、斑点和背景中的杂点等瑕疵 （3）调整人物脸型和身材	图片的背景和底的问题较大

1．画面构图和杂点的分析　背景杂乱的灯架、地面的露出等构图上的问题和人物面部的痘痘、斑点、相机 CCD 的脏点等瑕疵，都可以运用"仿制图章"、"修补"、"修复画笔"等工具修饰。

如图 1-9～图 1-11 所示，A、B、C 三位同学哪位处理的效果最好？说说处理后照片的优缺点，并填写在表 1-6 中。

图1-8　原片

图1-9　A同学作品

图1-10　B同学作品

图1-11　C同学作品

表1-6　效 果 分 析

作 品 号	背景和地面等构图问题的处理	人物面部、气球、地面等画面杂点的处理	乱发的处理
A			
B			
C			

2．先分析组图 1-1 再填写表格　这一组图片中影响画面的瑕疵体现在：

（1）地面白纸上有脏点和不完整的纸张影响美观。此外拍摄时把灯具拍进了画面从而破坏了画面效果（见图 1-12 和图 1-13）。

图　1-12

图　1-13

（2）气球的带子破坏照片的美感（见图 1-14 和图 1-15）。

图　1-14

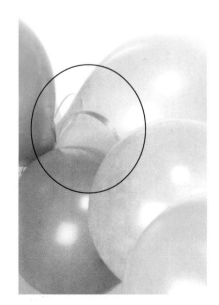

图　1-15

（3）人物皮肤的斑点及皮肤上的乱发影响整体美观（见图1-16和图1-17）。

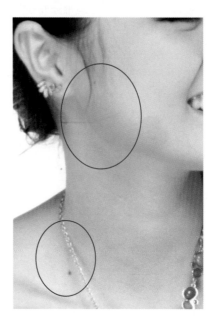

图　1-16

图　1-17

（4）散乱的头发影响造型效果（见图1-18和图1-19）。

图　1-18

图　1-19

　　按以上的提示，把图1-1那组图片需要调整构图和修饰杂点的部位用圆圈标示出来，完善表1-7的空白。

表 1-7　问题分析

图　名	需要修饰的杂点	文　字　说　明
0290		（1）背景杂点和地面的瑕疵 （2）杂乱的气球带 （3）人物皮肤上的斑点、乱发等 （4）发型问题
0291		
0336		

（续）

图　名	需要修饰的杂点	文字说明
0379		

● 任务实施

1. 构图问题的处理

（1）软件学习重点

序　号	重 点 知 识
1）	"仿制图章"工具 ♣（快捷键【S】）、"修补"工具 ◎（快捷键【J】）、"修复画笔"工具 ✐（快捷键【J】）的运用
2）	工具放大【]】或缩小【[】快捷键的使用
3）	图片放大和缩小快捷键【Ctrl】+【+】和【Ctrl】+【-】的使用
4）	"滤镜-杂色-蒙尘与划痕"的运用，其快捷键【Ctrl】+【F】的使用

（2）操作步骤

1）选其中的一张图片打开，按【Ctrl】+【J】键复制两个图层，复制两个图层的用途在于：保留好背景原片，在图层1上修饰；图层1副本是为了在修图的过程中对比原片和修饰的效果（见图1-20）。

图　1-20

2）影响构图的问题：第一，把灯的附件及角架一角拍进来了；第二，背景纸不完整，露出了地面。先修灯罩，单击工具栏中的"仿制图章"工具 （快捷键【S】），用这个工具修掉灯罩。

　　问："仿制图章"工具的使用方法及其特点是什么？

　　答："仿制图章"工具是修饰瑕疵最基本的也最常用的一种工具，它的特点是用来复制取样的图像，盖掉有瑕疵的部位，得到均匀自然的块面。使用的方法是：按住【Alt】键复制杂点边干净的局部或自己想要得到的局部，在复制的时候注意块面的衔接，按具体情况放大图片，如果块面不均匀，按【Ctrl】+【Alt】+【Z】返回，接着再放大或缩小图片，或改变工具的大小、硬度、不透明度和流量，直到块面衔接自然，工具的放大或缩小的快捷键为【】】或【【】。

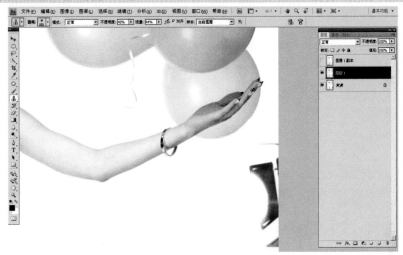

图　1-21

3）用"仿制图章"工具 修掉三脚架。当用"图章"工具修变化较复杂的面时，甚至不论是用哪种工具修图时，遇到细小部位较难修饰的情况，放大图片更好修。同时，也应该随时缩小图片看块面变化是否自然，放大和缩小图片的快捷键为【Ctrl】+【+】和【Ctrl】+【-】（见图1-22）。

图　1-22

4）小斑点或是变化不明显的面用滤镜里的"杂色–蒙尘与划痕"快速修饰，这种方法适合大块面里的杂点，尤其适合虚化的背景。其原理是虚化画面才使杂点消失，因此如果是主体上的杂点则不适合用这种方法。单点工具栏的"选区"工具 ⬚，选择有杂点的区域，再选择"滤镜–杂色–蒙尘与划痕"（见图1–23）。

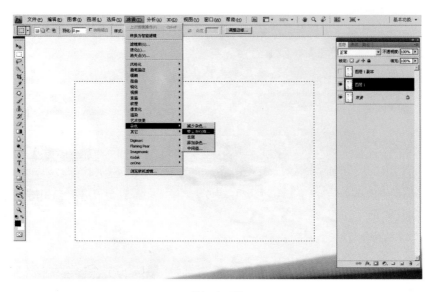

图 1–23

5）在跳出来的对话框中选择适合的半径，值越大越虚，在调高数值的同时注意看画面效果，以正好可以去除杂点为适宜（见图1–24）。

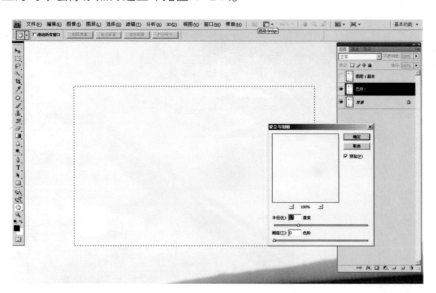

图 1–24

6）继续对其他有杂点的面快速去污，重复滤镜动作，按【Ctrl】+【F】（见图1–25）。

图   1-25

7）如图 1-26 所示，处理露出的地板较复杂，需要用到两种或两种以上的工具修饰。此处有气球的投影，先用"修补"工具，延长气球的投影并慢慢地虚化，在靠近边缘的地方用"图章"工具修饰（见图 1-27）。

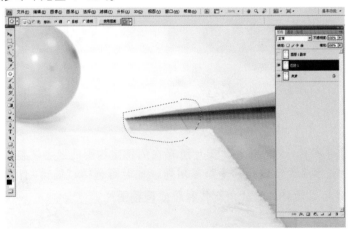

图   1-26

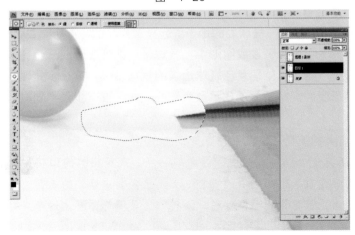

图   1-27

8）修完灯和露出的地板时，整幅图片效果好多了。缩小图片检查画面，如果有一块块的衔接不够自然的块面，用"图章"工具放大到适当的大小修饰。如果仍显假，则改变不透明度或流量的数值再进行修饰（见图1-28）。

图　1-28

 小提示

因图片的构图问题不一，应按具体图片所存在的特定构图问题去调整。有些图片有好几种构图问题，比如说水平线、透视和变形等问题，此时可选择"编辑-自由变换"命令去调整，"自由变换"还可以倾斜、缩放、旋转和局部调整图片。

2. 去除杂点的操作步骤

（1）背景修好后还有三处杂点或瑕疵：①气球上的带子；②头发；③人物脸上的痘痘和斑点等。先修饰第一个问题——气球上的带子。选择工具栏的"修补"工具（快捷键【J】）。由于气球带子处于三个不同的背景或图形中，气球带子处理应分成三步完成：第一步先处理好空白背景前的带子；第二步处理紫色气球边缘的气球带子；第三步处理紫色与黄色气球边缘带子的关系。这三步的安排是为了找图形变化的规律，当一步做不到时，就需要分成多步完成。

问："修补"工具的使用方法及其特点是什么？

答："修补"工具适合修饰相同规律画面的杂点，或是相同的形状和轮廓。在这些情况中用"修补"工具修图效率较高。用"修补"工具选择需要修饰的局部，选好后再移到周边与它一致的没有杂点正常变化的部位。用"修补"工具修饰图形上的杂点时，要考虑好图形和线条的变化规律。

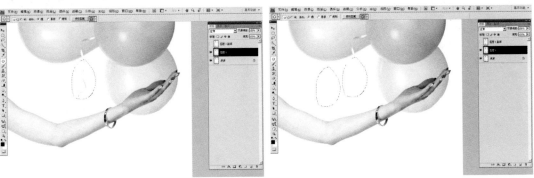

图　1－29　　　　　　　　　　　　　　　图　1－30

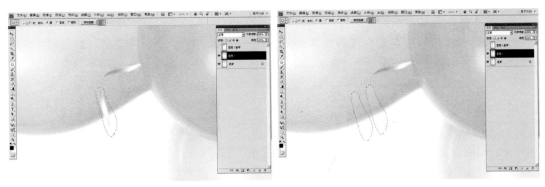

图　1－31　　　　　　　　　　　　　　　图　1－32

（2）用"修补"工具修饰时，应注意边缘部位。由于不一样块面的颜色和层次关系不同，应按照其造型规律选择正确的复制面，此时要放大图片。图1－33中的图片是用"修补"工具修好气球带子后的效果。

（3）处理下边气球的带子，仔细检查每一个部位，不能遗留需要修饰的部位（见图1－34）。

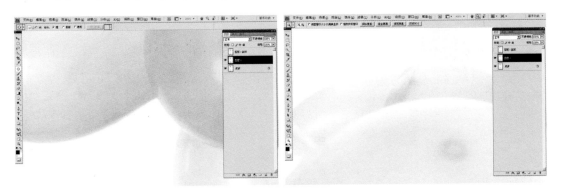

图　1－33　　　　　　　　　　　　　　　图　1－34

（4）修饰第二个问题——头发。灵活使用"修补"工具和"仿制图章"工具，处理杂乱的头发及调整发型的造型效果（见图1－35）。

（5）处理后的发型效果图片如图1－36所示。

图 1-35　　　　　　　　　　　　　　　　　　　　　图 1-36

（6）接着处理第三个问题——人物脸上的痘痘、斑点、身体的杂点。用"修复画笔"工具 ✐（快捷键【J】）修饰（见图1-37）。

问："修复画笔"工具的使用方法及其特点是什么？

答："修复画笔"工具适合修饰层次变化有规律的大块面里的杂点，比"仿制图章"工具好把握。"仿制图章"工具如果运用不好，很易造成画面结构错乱，衔接不自然。使用"修复画笔"工具按住 Alt 键同时单击鼠标左键选择需要复制的块面，画笔的大小应比要修饰的点稍大点。选好复制的块面后，在杂点处拖动鼠标，涂抹周边的层次从而使块面衔接自然。在使用"修复画笔"工具时如果所要修饰的块面层次一致，只需按 Alt 键选择一次。

（7）如果在使用快捷键时，跳出文字输入模式，按【Ctrl】+【空白键】。若快捷键用不了则可能是键盘处于大写的输入模式，切换为小写即可。修复后的局部效果见图1-38。

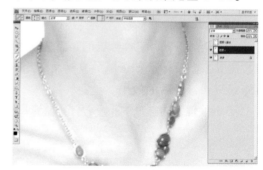

图 1-37　　　　　　　　　　　　　　　　　　　　　图 1-38

（8）最后呈现的整体效果如图1-39所示。

图 1-39

（9）效果对比如图1-40所示。

a）原片

b）效果图

图　1-40

阶段作业

1．按以下要求完成对杂点的修饰。

（1）完成图1-1中所有图片杂点的修饰。

（2）从以前自己所拍摄的人物写真图片中，选择四张图片调整其构图并修饰瑕疵。

2．针对所处理的效果，填写表1-8。

表1-8　过　程　检　查

图 片 名 检 查 项 目	0290	0291	0336	0379
皮肤上的斑点、痘痘等				
气球带子				
乱发及发型				
背景和地面				
相关工具的操作是否熟练				

● **任务总结**

总结一下三个去除瑕疵工具的区别。

1. "仿制图章"工具适合复杂且没有变化规律的面或边缘的修饰，在使用时需将图像局部放大一点点修改，同时应注意随时缩小图片看是否有变形。一般边缘不好修，放大图片用仿制图章工具修饰能达到自己想要的效果。

2. "修复画笔"工具适合大面积影调一致里的杂点的修饰，比"仿制图章"工具好把握。"仿制图章"工具如果运用不好，很易造成画面结构错乱，衔接不自然，但"修复画笔"工具不适合修饰图形边缘和画面边缘的杂点。

3. "修补"工具适合相同规律变化或是相同的形状和轮廓的画面，这种情况用"修补"工具效率很高，而用前面两种工具则较难控制。

总之，按照画面影调、色彩、形状和轮廓变化规律选择适合的修图工具会提高修图的效率。平时要多花时间练习才能达到熟能生巧。

 小知识

选择用 RGB 还是用 CMYK 模式处理图片？

RGB 色域比 CMYK 大，用 CMYK 处理好的图片如果再转为 RGB 模式，失去的颜色将不复存在，所以一般我们都用 RGB 调图。用 RGB 调好的图片看起来色彩饱和度高的部分，有时打印出来就没有那样鲜亮了。那些无法被打印机输出的颜色称为"溢色"，可用 Photoshop 观察图片具体哪些颜色溢色，执行"视图–色域警告"命令，画面中被灰色覆盖的就是溢色区域，再次执行此命令，关闭色域警告。

阶段评价

根据表 1–9 对本阶段任务进行综合评价，满分为 100 分。

表 1-9 任 务 评 价

评价内容	评价标准	评 价			单 项 得 分
		个人 （权重 0.2）	小组 （权重 0.4）	教师 （权重 0.4）	
职业素质 （20 分）	（1）爱护电脑、正确操作电脑并及时整理资料 （2）按时完成学习或工作任务 （3）工作积极主动、勤学好问 （4）有吃苦耐劳、团队合作的精神				
专业能力 （70 分）	（1）能发现原片存在的问题并确定自己需要处理的效果 （2）能处理图片所存在的所有构图问题 （3）能修饰所有的瑕疵 （4）瑕疵部位的修饰过渡自然，没有杂乱的黑白灰块面，看不出修饰的痕迹				
创新能力 （10 分）	有个人的想法或方法能更快速地处理图片杂点问题				
综合得分					

1.2.2　脸型和身材的调整

● **任务准备**

（1）准备需要修饰面部和身材的人物写真图片。

（2）准备速写本、铅笔和橡皮擦。

● **任务分析**

人物外形由面部五官、脸型、头形和体形等共同组成。在化妆造型和拍摄后，有些人像图片仍然存在外形上的不足，这时一般要进行后期调整。

1．面部和身材审美的标准

（1）面部：三庭五眼　绘画当中有"三庭五眼"的讲法，化妆师也是按"三庭五眼"的理论原则调整人物的脸型和五官的位置。"三庭五眼"是指人的面部纵向和横向的比例关系，是对人物脸型审美的一般标准，如果不符合此比例，则与主流审美存在差异。"三庭"是指脸的长度比例，把脸的长度分成三等分，从前额发际线至眉骨，从眉骨至鼻底，从鼻底至下颏，各占脸长的 1/3；"五眼"是指脸的宽度比例，以眼睛长度为单位，把脸的宽度分成五等分，从左侧发际至右侧发际，为五只眼形的宽度，即两只眼睛之间有一只眼睛的间距，两眼外侧至侧发际各为一只眼睛的间距，各占脸宽的 1/5。如图 1-41 所示为"三庭"，图 1-42 所示为"五眼"。

图　1-41　　　　　　　　　　　　图　1-42

（2）身材：黄金比例　人的身材以肚脐为界测量肚脐到头顶和肚脐到脚底，上下身比例为 5 比 8 则符合"黄金分割"定律，黄金比例的身材腿显长、人显高，身材很漂亮，在挑选拍电影、拍广告或走 T 台的模特时，需要测量模特的身材是否符合黄金分割的比例，如果上下身的比例为 5 比 7，人物的腿显得短，上半身太长，视觉效果较差。在生活中如果想调整人物身材的比例关系，选择穿高跟鞋能够改变比例不完美的缺陷，具体应该穿一双多高的高跟鞋，也可以人物肚脐为界，通过实际比例与黄金比例的比值计算出来。

2．图片收集

收集具有美感的不同脸型的图片，如图 1-43 所示（图 1-43a、b 为瓜子脸；图 1-43c 为鹅蛋脸；图 1-43d、e 为方形脸；图 1-43f、g、h、i 为不同角度拍摄的图像）。

a）

b）

c）

图 1-43

d）

e）

f）正面

g）侧面

图 1-43（续）

h）侧面俯角度　　　　　　　　　　　　i）侧面仰角度

图 1-43（续）

3．图片的整理和分类

将收集的图片归类，选有代表性的图片放入表 1-10，或参考下面表格把图片整理好做一个 PPT。

表 1-10　脸　型　分　析

角度 ＼ 脸型	瓜 子 脸	鹅 蛋 脸	方 形 脸	……
正面				
侧面				
俯角度				
仰角度				
……				

- **任务实施**

1．用圆圈标示需要调整的部位

以 IMG_0379.jpg 为例如图 1-44 所示标示出相应部位。

a)　　　　　　　　　　　　　　　　　b)

图　1-44

试着标示另外三张图片需要调整的部位。

2．人物脸型和身材的调整

（1）软件学习重点

序　　号	重 点 知 识
1）	新建图层处理杂点的方法
2）	盖印图层【Ctrl】+【Alt】+【Shift】+【E】和改变图像大小【Ctrl】+【Alt】+【I】快捷键的使用方法
3）	液化及运用"向前变形"工具 调整人物脸型和身材曲线的方法

（2）任务实施步骤分析

实施步骤共分成两部分，第一部分：去除杂点。图片有四部分需要重点修饰：①气球；②头发；③人物；④背景。第二部分：调整人物脸型和身材。

（3）操作步骤

首先深入介绍杂点去除的操作。

1）打开原始图片，复制两个图层。新建图层1，在图层1上修图（见图1-45）。主要目的是便于无数次的修饰后方便修改出现的问题，如果修的效果不好，只需要在图层1用橡皮擦擦掉即可。

图　1-45

2）在新建的"图层1"上修饰杂点。选择"修复画笔"工具，选择样本为"所有图层"。运用修复画笔把适合修饰的地方修好（比如说大块面的杂点），但是物体的轮廓线和边缘的杂点不适合用"修复画笔"工具修饰（见图1-46）。

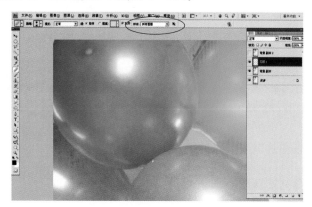

图　1-46

去除了气球杂点之后的效果如图1-47所示。

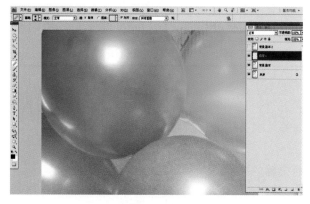

图　1-47

3）隐藏除图层1外的其他图层，这时可看到前面所做的具体修饰（见图1-48）。

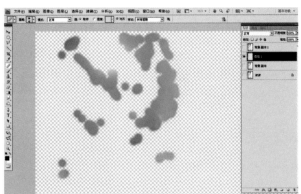

图　1-48

4）如果对所修饰的部位不满意，可以用橡皮擦擦掉再重新来操作。此方法比历史记录更实用，历史记录毕竟有次数限制，如果返回的记录过多还会拖慢电脑的处理速度，而这种方法只要擦除即可重现部分或全部修饰的效果（见图 1-49）。

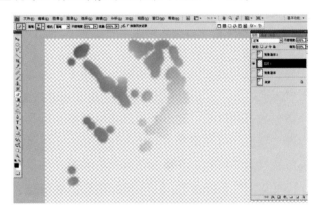

图　1-49

5）再新建一个图层 2，用"图章"工具，选择样本"所有图层"，修饰人物头发和物体边缘的瑕疵。和刚才的方法一样，新建一个图层是便于用橡皮擦做修改。用"图章"工具改变不透明度和流量，复制画面或深或浅的颜色（见图 1-50）。

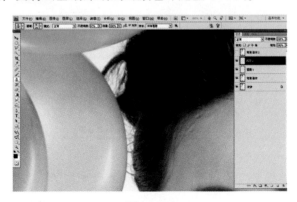

图　1-50

6）修完所有瑕疵的效果如图 1–51 所示。

图　1–51

当全部杂点去除后，便可开始调整人物的脸型和身材。

7）调整脸型及身材。

问：如何用"液化"滤镜调整人物的脸型和身材？

答：先改变图片大小，用液化调整，另存为所液化的效果。保存好之后取消，返回图层面板，返回改变图片大小的前一步，然后再液化，这次液化是直接导入刚所保存的液化效果，然后确定即可。此方法类似中介的性质，因为直接用液化调整脸型和身材，需占用电脑很大的内存，对电脑配置的要求较高，当操作的次数越来越多时，电脑速度将明显变慢，在处理人物轮廓线条时电脑运行变得不够流畅，可能导致最终无法储存液化效果。

在图层 2 按【Ctrl】+【Alt】+【Shift】+【E】盖印图层。把图层 2 及以下图层效果全并为一个图层，并保留其他图层。要改变图片尺寸大小按【Ctrl】+【Alt】+【I】，如图 1–52 所示"图像大小"的对话框会弹出。

图　1–52

8）打开显示的分辨率是 350 像素/英寸，改变分辨率为 70。如果有些图片宽度和高度比较大，打开的分辨率是 72 像素/英寸，一般改为 28（见图 1–53）。

图 1-53

9）打开"滤镜-液化"的界面（见图 1-54）。

图 1-54

10）液化人物分成三个步骤：第一步，确定要修改的部位，调整人物大体的形状；第二步，放大图片调整局部，然后再放大调整极细微的部位，随时缩小看整体效果是否符合审美的标准；第三步，缩小画面进行整体调整。用工具栏的"向前变形"工具 调整人物脸型、身材比例和胖瘦的问题。下面具体演示每一步骤的操作过程。

第一步"大体调整"：提胸。用"向前变形"工具 把胸部往上移（见图 1-55）。

图 1-55

11）接着，运用"向前变形"工具☑将标出的部分按标示的方向推挤，调整腰，一般通过把腰往里收调细；大腿较粗，往右调细大腿；由于胳膊略显粗，往左调细胳膊（见图1-56）。

图 1-56

12）进行第二步——"放大图片调细节"。调整发型，因为发型过高，往下调更适合整体造型（见图1-57）。

图 1-57

13）调整脸型。把脸型的线条调得柔和些，并适当地根据人物比例关系调整脸型的大小（见图1-58）。

图 1-58

14）头发的局部线条不规则，用"向前变形"工具 把发型边缘线条调得流畅且符合审美的要求（见图 1-59）。

图　1-59

15）调整眉形，右眼的眉尾稍有点高，用"向前变形"工具 把眉尾往下移，让两只眼睛的眉形对称（见图 1-60）。

图　1-60

16）肩膀一块的肌肉较多，用"向前变形"工具 往里收，让人物身材更好看（见图 1-61）。

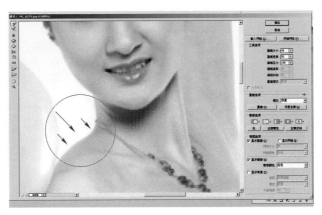

图　1-61

17）注意在放大局部进行调整时，需要随时缩小图片查看整体效果，以妨在放大时因看不到整张图片而做出了破坏画面效果的操作（见图1-62）。

图　1-62

18）缩小检查整体效果，对仍显不足的局部做再次调整（见图1-63）。

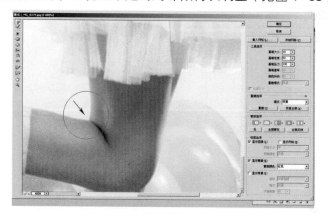

图　1-63

19）在确定局部没有问题以后，进行第三步——"整体调整"。缩小图片整体调整人物，经过前面两个步骤可能会影响整体效果，对不足的部位再次调整（见图1-64）。

图　1-64

20）修好后，点右侧面板的"存储网格"，保存在相应的文件夹中（见图1-65）。

21）保存好后，在液化对话框点击"取消"（见图1-66）。

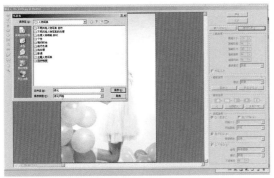 

图　1-65　　　　　　　　　　　　　　　图　1-66

22）取消后，回到界面。退回到"图像大小"的前一个步骤，点击"历史记录"的"盖印可见图层"，或是按一次【Ctrl】+【Z】（见图1-67）。

23）此时再重新做一次液化，选择"滤镜-液化"。进入面板后，点击右侧面板"载入网格"，找到刚所保存的液化效果文档并打开（见图1-68）。

图　1-67　　　　　　　　　　　　　　　图　1-68

24）液化效果全部导入以后，点击右侧面板的"确定"完成液化（见图1-69）。

25）液化后的效果如图1-70所示。

图　1-69　　　　　　　　　　　　　　　图　1-70

26）效果对比如图1-71所示。

a）原片   b）效果图

图 1-71

（4）按以下要求调整人物脸型和身材

1）调整图1-1人物脸型和身材的问题；

2）从以前自己所拍摄的人物写真图片中，选择四张图片调整构图并修饰瑕疵后，完成脸型和身材的调整。

（5）针对所处理的效果，填写表1-11。

表1-11 过程检查

检查项目 \ 图名	图1-1	图1-2	图1-3	图1-4
新建图层修饰瑕疵				
脸型				
身材				
相关工具的操作				

阶段作业

1. 画标准脸型和身材的速写。

2. 完成课堂布置的作业。反复操作，熟练掌握相关工具，提高处理图片的速度。

阶段评价

根据表 1–12 对本阶段任务进行综合评价，满分 100 分。

表 1-12 任务评价

评价内容	评价标准	评价			单项得分
		个人 （权重 0.2）	小组 （权重 0.4）	教师 （权重 0.4）	
职业素质 （20 分）	（1）爱护电脑、正确操作电脑并及时整理资料 （2）按时完成学习或工作任务 （3）工作积极主动、勤学好问 （4）有吃苦耐劳、团队合作的精神				
专业能力 （70 分）	（1）人物速写比例关系准确 （2）能去除所有杂点，层次过渡自然 （3）调整人物脸型和身材的比例关系准确，无变形，符合人物气质和审美的标准				
创新能力 （10 分）	能按后期处理的要求完美地处理人物脸型和身材的问题				
综合得分					

1.2.3　影调与偏色的调整

● **任务准备**

（1）找出所拍摄的人像摄影中影调和色彩有问题的图片。

（2）安装滤镜插件 Imagenomic。

● **任务分析**

1．不同影调问题的处理

（1）影调问题　影调的问题和场景明暗的反差、光线和拍摄曝光息息相关，一般的影调问题有：

1）曝光不足。

2）曝光过度。

3）图片太灰。

4）亮面太亮，没有层次。

5）暗部太暗，没有层次等问题。

（2）影调控制

1）由于光线、场景或拍摄时曝光错误，图片出现了曝光不足、过度、偏灰的问题。

2）每台显示器显示的影调不一样，用直方图看更准确。由直方图看图片影调黑、白、灰的关系，左边为暗面，右边为亮面，中间为灰面，如右边没有曲线变化说明亮部缺少层次或是该图片亮面较少。看下面图片与其直方图的关系。从直方图可以看出图 1-72 暗面和灰面的层次显示较好，人物面部较灰。

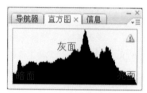

图　1-72

图 1-73 暗部过暗，缺少亮面、灰面和暗面的层次，尤其缺少亮灰层次。

图　1-73

图 1-74 直方图表示亮面过曝，整体过亮。

图　1-74

从直方图看出图 1-75 所示照片的层次是四幅图里最好的，因为此幅照片是灰调，灰面的层次丰富，且亮面和暗面的层次显示不错，另外人物面部明暗关系也好。

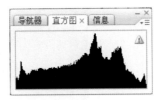

图　1-75

（3）下面按表 1-13 的提示调整图片存在的影调问题（具体步骤见电子资料）。

表 1-13　影调调整方法提示

问　题	图　片	提　示	备　注
曝光不足		方法一　用"曲线"调整	看直方图调影调关系
		方法二　用"色阶"调整	
		方法三　运用"亮度/对比度"调整	
		方法四　运用"曝光度"调整	
		方法五　运用"计算"的方法	
对比度不够，照片灰		方法一　用"曲线"调整	
		方法二　运用混合模式"柔光"	
		方法三　空白图层填充白色再柔光	
亮面曝光过度		方法一　运用"计算"的方法	
		方法二　应用图像	

（续）

问　题	图　片	提　示	备　注
画面边角灰白		"滤镜–扭曲–校头校正"命令	调成中间亮、四周压暗的效果
人物脸部稍暗		按【Q】键进入快速蒙板，按【B】键涂抹所要调整的部位，再用曲线调亮人物的亮部	该图片是调整过的四周压暗的图片，人物的面部较暗，需单独选区再调整

　　影调调整的方法有很多种，针对不同的图片应选择最适合最有效的方式处理影调的问题。

　　分别分析图 1–1～图 1–4 中每张人像出现的问题。图 1–2 和图 1–3 存在灰面和暗部偏暗的问题，并且人物皮肤偏黄。在修饰杂点后把图片调为正常色调。如果有一些图片的影调问题太严重，也可以先调明暗关系再修饰杂点等问题。针对这四组图片，找出有影调和偏色问题的图片，填写表 1–14。

表 1–14　影调和偏色问题分析

图　名	影调和偏色问题	备　注
图 1–1	影调和色调正常	
图 1–2	影调较正常，但是人物皮肤偏黄偏暗	背景不均匀
图 1–3		
图 1–4		

　　以图 1–2 为例，表 1–15 列出了 1.2.3 的阶段任务单。

表 1-15　阶段任务单

图　名	后期处理风格	后期处理要求	备　注
图 1-2	自然色调	（1）调整构图问题 （2）去除人物皮肤痘痘、斑点和背景等瑕疵 （3）依情况调整人物脸型和身材 （4）调整影调和色彩问题	基本修饰包括： （1）调整构图问题 （2）去除人物皮肤痘痘、斑点和背景等瑕疵 （3）调整人物脸型和身材 （4）影调和色彩问题

● 拍摄说明

从组图 1-2 找出影调问题较明显的一张照片如图 1-76 所示。

拍摄参数：快门 1/125，光圈 13，ISO 100。

（1）人物嘴唇自然张开，眼睛微微朝下，表情自然生动，但是在拍摄时人物的长发随意搭落在面部和肩膀，显得杂乱。

（2）由于化妆和拍摄的不到位，人物皮肤暗黄。

（3）拍摄时用了两盏灯，主光是正面光，从比人物高 15cm 的上方打向人物面部，人物后面有一盏背景灯打亮人物后面的背景，形成渐变效果（光位图见图 1-77）。

图　1-76

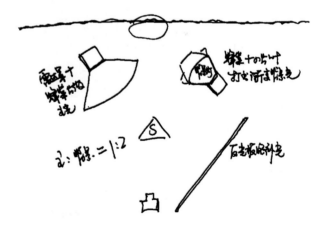

图 1-77　光位图

● 任务实施

1. 软件学习重点

序　号	重 点 知 识
1）	⬛、🔍、✏ 三个工具的灵活运用
2）	直方图看明暗
3）	曲线、色相/饱和度、可选颜色和通道混合器等调图的方法
4）	"蒙板"和"画笔"工具✏结合运用的技巧
5）	抠图的方法之一——抽出
6）	"橡皮擦"✏、"加深"工具⬛，及"吸管"工具✏的使用方法
7）	用"滤镜-Imagenomic-Portraiture"插件处理皮肤的方法

2．操作步骤（方法一：曲线调色）

以图片 4579 为例，可以把全部操作归纳为三个部分。

第一部分，从基本修饰上来说，如果图片有构图问题，首先调整构图；然后再看画面杂点问题。

第二部分，考虑是否需要调整人物面部和身材比例关系。

第三部分，分析处理影调和色彩问题。

该图片的构图较好，故不用调整构图，直接从去除杂点开始。

（1）打开图片，复制两个图层。由于该图背景不够均匀，故先处理背景。通常有三种修图工具，这里依情况选择适合的工具修图。大块有规律的问题选，如果不好修饰，尽量放大图片修饰。如果要用工具，则要新建一个空白的图层，在这个图层上修饰杂点及乱发，一定要选择样本为所有图层，可以降低不透明度和流量为 45% 左右（见图 1-78）。

图　1-78

（2）修饰好的背景效果如图 1-79 所示。

图　1-79

（3）用相同的方法去除乱发如图 1-80 所示，主要体现在脸部和肩上。

由于第二部分所提到的人物脸型和身材的问题该图也没有出现，这里直接开始第三部分对画面影调和偏色问题的调整工作。用"曲线"工具把图片调为正常影调。

图 1-80

（4）按"【Ctrl】+【Alt】+【Shift】+【E】"盖印图层，得到"图层2"。打开通道面板，查看红、绿、蓝三个通道的明暗关系。三个通道的情况：蓝通道偏暗，说明缺少蓝色，其补色黄色过多；绿通道次之，缺少绿色，多了洋红；红通道还好。通道说明图片过暖，所以需要调多点冷色（见图1-81～图1-84）。

图 1-81

问：通道的概念及用途是什么？

答：通道是一个存储颜色和选择信息的地方，以灰度图像的形式存储这些信息。通道还是一个修改颜色和选择信息的地方，通过使用图像调整命令修改通道，这些修改过程实质是在修改灰色图像。与修改图层相比，修改通道往往更容易、更准确。总之通道是图像——一个灰色图像。对通道的修改实质是对图像的处理，因此图像处理的各种手段和工具都适用于处理通道图像。

通道大致应用于以下场合：

（1）调出通道作为选区使用。

（2）调出通道作为图层蒙板使用。

（3）通过"应用图像"和"计算"命令改造和生成通道。

（4）将通道复制、粘贴到图层中作为图层使用。

在 Photoshop 中，要获取通道并让它为我们服务通常有四种途径。当用户新建或打开一个图像文件时，由于图像颜色模式的不同，因此图像会有自带的颜色通道。例如：灰度模式的图像有一个灰色通道；RGB 模式的图像有 R、G、B 三个颜色通道；Lab 模式的图像有一个明度通道和名为 a、b 的两个颜色通道；CMYK 模式有 C、M、Y、K 四个颜色通道。

图 1-82　红通道

图 1-83　绿通道

图 1-84　蓝通道

（5）打开"窗口—直方图"调出直方图，准备调影调和偏色关系。从直方图看到图片偏暗，尤其是亮灰面，单击"图层"面板底部的 ◑. 按钮，在菜单中选择"曲线"（见图1-85）。

图 1-85

问：什么是曲线调色？

答：曲线调色是Photoshop里常用的调色工具，它可以调整照片的明暗、对比度、色调和色彩关系。默认的曲线是45°的直线，在曲线上单击添加控制点，拖动控制点改变直线的形状调整画面色彩和影调关系。

（6）打开曲线对话框，显示直方图和通道情况（见图1-86）。

图 1-86

（7）图片过暗，先在RGB大致调明暗。调影调的关系通常要把色彩和影调综合调整，调好了色彩，影调会发生变化。而调影调时，色彩也会有变化，好比用相机拍摄时，如果曝光略不足，色彩饱和度会高些，曝光太过度，色彩又会失真，所以所调的明暗并不是单考虑明暗的效果，一般调后与想要的亮度存在一定差距（见图1-87）。

在曲线对话框中，右上角代表了高光区域，中间代表中间调，左下角代表了暗部。即调整中间的曲线

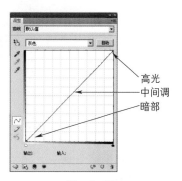

高光
中间调
暗部

图 1-87

时改变的是中间调，调整右上角改变的是高光部位，调整左下角改变的是暗部（见图 1-88）。

图　1-88

　　图 1-90 中"输入"：像素的原始强度；"输出"：调整后的像素强度。色阶范围是 0～255，0 代表全黑，255 代表全白，色阶越高图片越亮，色阶越低图片越暗。如图 1-88 所示曲线调整的输入值为 94（色阶 94），输出值为 109（色阶 109），即色调被调亮。

　　（8）蓝通道问题较大。先调蓝色，曲线右侧上方调的是亮面，中间是灰面，左侧下方是暗面。将蓝色的亮面调亮到一定程度，同时看通道的明暗显示调图。此时蓝通道变亮，变亮即增加蓝色，减少其补色——黄色，而这时调的是亮面，意思是画面亮面的蓝色增加。如图 1-89 所示的蓝色通道比之前要亮。

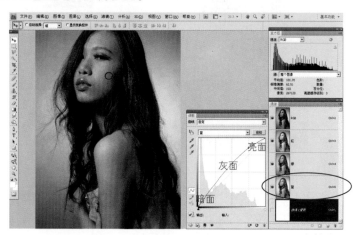

图　1-89

　　（9）先选工具栏的"吸管"工具，再点选曲线对话框的。用"吸管"工具单击人物皮肤偏暗的部位，单击的部位应是所需调亮的部位具有代表性的某点，这时在曲线上会跳出一个点，该点即是需要调亮的暗部。

　　（10）继续把这个点往上调（见图 1-91）。

　　（11）绿通道和蓝通道的调法差不多，只是要稍比蓝通道调少点。绿通道往上调增加了

绿色，而往下调则是减少绿色，增加其补色——洋红色（见图 1-92）。

图　1-90

图　1-91

图　1-92

（12）调红色的亮灰调，将曲线右上方往上调，图像由于增加红色而变亮（见图 1-93）。

图　1-93

（13）完成曲线调色后，人物的色彩和影调关系还不错，而背景却偏色了。于是得保留经过曲线调色的人物，再找回之前背景的效果（见图1-94）。

图　1-94

 小提示

1. 使用曲线有两种常用的方法：第一种，直接选择菜单栏的"图像–调整–曲线"；第二种，单击"图层"面板底部的 按钮，在菜单中选择"曲线"命令。这两者区别在于，前者是直接在图层上做效果，后者对所做的效果建立一个新的图层并有蒙板，如果要变化效果，则双击 重新调整。

2. 45°的曲线往上调是增加相对应的通道的颜色，往下调是增加相应通道的颜色的补色。如果选择的是绿通道，则往上调增加了绿色，绿通道变亮；往下调即减少了绿色，增加了其补色——洋红色，绿通道变暗。

（14）按【Alt】键，同时单击图层面板 的 ，跳出整个蒙板的大图是一个白蒙板。白蒙板是对该图层做的效果起了一个保护作用，并且是透明的状态。如果要结合下一个图层的部分效果，单击蒙板用黑画笔擦掉曲线1所调的背景效果，得到下一个图层背景的效果和没有擦除的曲线1所调的人物效果。单击除白蒙板外曲线1或任意一个图层，即可回到图层效果（见图1-95）。

图　1-95

（15）用"画笔"工具把除人物以外的部位擦出来。蒙板是白色时，前景色调为黑色，背景色为白色，可进行 100% 的擦除；如果前景色是灰色，则并不是按 100% 擦除，而是带有透明的性质，所得到的图片效果中有该图层也有下面一层图层的效果。于是此时得到的是曲线调色人物的效果和黑色部位下面另一个图层的效果，这样就解决了背景偏色的问题。当然在调色的时候可以改变前景色的灰度，以得到想要的透明或不透明的效果，也可以通过更改"画笔"工具的不透明度和流量来改变透明或不透明的效果（见图 1-96）。

图　1-96

小知识

黑蒙板的建立方法是：选择好需要建黑蒙板的图层，单击"图层"面板底部的按钮同时按 Alt 键，这时得到一个黑蒙板。黑蒙板的作用是遮掩对图层所做的效果，如果想要图层所做的效果，要用白色画笔擦出。设置前景色为白色，背景色为黑色。

（16）单击，同时按【Alt】键，跳出完整的蒙板大图效果。如果刚擦出的背景不对，则大图显示的不足之处能很清楚地看到，可以有针对性地弥补，但现在背景全被擦出来了，不需要再擦（见图 1-97）。

图 1-97

（17）经过调整的照片，画面略偏黄色。单击"图层"面板底部的 按钮，在菜单中选择"可选颜色"命令，用可选颜色调整色彩关系，减少黄色（见图1-98）。

> **问**：什么是"可选颜色"？
>
> **答**："可选颜色"工具允许选择一种颜色并针对这种颜色调整其偏色问题。比方说，红色有很多种，当RGB值是255、0、0时，是一个很纯正的红色；如果红色RGB的值是222、21、21，则说明该红色中还有绿色21，蓝色也21。这种情况便用"可选颜色"选择红色，对红色里的绿色、蓝色及其他颜色进行增加或减少从而改变色彩关系。
>
> 如图1-98所示，红色里有4个滑块，分别是CMYK模式中的4种颜色，它不仅仅能调整CMYK模式的图像，通过它也能调整RGB模式的图像。在用"可选颜色"时，先观察图片多了什么颜色，根据色彩理论，相应地增加或减少CMYK这4种颜色中相关的颜色值。

（18）如果不知道人物还偏什么色或是想调的块面是什么颜色，就按【Ctrl】+【U】键打开"色相/饱和度"查看所偏的颜色。打开"色相/饱和度"先随意选一颜色，单击"色相/饱和度"对话框的 ，用"吸管"工具 单击人物暗部偏色的部位，此时"色相/饱和度"对话框的色彩跳出红色，则说明红色过多，单击暗灰面偏色的部位，也是跳出红色（见图1-99）。

（19）再单击亮面，跳出黄色，则说明黄色也多了（见图1-100）。

（20）双击选取颜色图层的 。按刚刚得到的结果，红色和黄色太多，先调红色。可选颜色调色根据具体的颜色调其他色，比如若红色并不是255、0、0，就不是很纯正的红色，夹有其他色，所以调的是红色里边偏的其他色彩间的关系。调红色是因红色多也就是缺少青色，因此要把红色的补色——青色调多。滑块往右是增加青色，往左是增加红色。接着调红色里的洋红，往左是增加其补色——绿色。再调黄色，往左调增加其补色——蓝色。最后调黑色，往左调是提亮，也就是增加白色。综上不难得知，所显示的颜色往右调是增加该色，往左调则是增加其补色（见图1-101）。

（21）调完红色后，如果照片还偏黄色。则先调黄色里的青色，原理和调红色的一样，青色往右调是增加青色。接着再调洋红色，往右调是增加洋红。然后调黄色，往左调增加黄色的补色蓝色。最后调黑色，往左调增加白色（见图 1-102）。

图　1-98

图　1-99

图　1-100

图　1-101

（22）最后效果如图 1-103 所示。

图　1-102

图　1-103

（23）效果对比如图 1-104 所示。

a）原图

b）效果图

图　1-104

3．操作步骤（方法二：通道混合器）

（1）基本修饰同前面都是一样的。直接开始第三部分调整画面影调和偏色的操作（见图 1-105）。

（2）在通道面板的灰色部位点鼠标右键，选"大"，则所显示的通道显示会大些。用通道混合器调色，首先查看红、绿、蓝三个通道的明暗关系。蓝色通道较暗说明缺少蓝色，黄色较多；绿色层次次之，说明缺少绿色，多了点洋红；红色层次还好，这是之前分析过了的。把通道面板单独拉出来，以便在调通道混合器的同时看到通道的变化。单击"图层"面板底部的选择"通道混合器"命令（见图 1-106）。

图　1-105

图　1-106

问：什么是"通道混合器"？

　　答："通道混合器"是属于通道变换的范畴，输出通道是要改变的通道。比如，若蓝色是输出通道，则拖动绿色源通道滑块，图像中的绿色通道不会改变，改变的只是输出通道蓝通道。如果是 RGB 模式的图像，则有红、绿、蓝 3 个输出通道，源通道是图像的 3 个通道。"源通道"的"源"是"来源"的意思，计算的一切基础来自这个"源"，通道调板所展示的是通道的变化，而源通道其实并没有改变。勾选"单色"后图片变为黑白，可见"通道混合器"还可以得到黑白效果的图片。

　　（3）先调蓝色，既然蓝色通道缺少蓝色，所以往右调高蓝色的数值。具体调多少是看蓝色通道的关系，调到适合的明暗即可。调整之后蓝色通道比之前要亮许多（见图 1-107 ）。

　　（4）接下来再调绿色。往右可调亮绿色，这时通道面板绿色的明暗层次显示较好。红通道明暗较好，不用再去调红通道了（见图 1-108 ）。

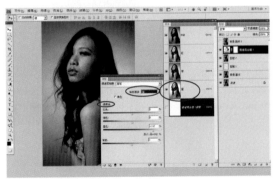

图　1-107　　　　　　　　　　　　图　1-108

　　（5）通道混合器调好的效果如图 1-109 所示。

　　（6）经过通道混合器调色后，亮面过曝，所以要擦出点亮面。单击白色蒙板，将前景色设置为黑色，背景色为白色，选择"画笔"工具通过改变不透明度和流量以擦出过亮的部位（见图 1-110 ）。另外在调色的时候，虽然人物调得较好，但是背景的颜色也受到了影响，偏色严重。所以，类似情况的处理应该是先把人物"抠"出来再调色比较好。下面讲解抠图的具体操作方法。

图　1-109　　　　　　　　　　　　图　1-110

　　（7）按【Ctrl】+【Shift】+【Alt】+【E】盖印图层，选择"滤镜-抽出"，如果所用的版本没有"抽出滤镜"，可以从 CS3 版本中找到滤镜 ExtractPlus 复制到所用版本的滤镜文件夹，然后重新启动软件即可使用"抽出滤镜"（见图 1-111 ）。

（8）使用面板的 ✐ 工具，按【［】缩小画笔，用小画笔把头发丝与衬底相接的地方涂上（见图 1-112 ）。

图 1-111

图 1-112

（9）按【］】放大画笔至适当大小，大面积的发丝和衬底重叠的地方则用大点儿的画笔刷上（见图 1-113 ）。

（10）对于比较实的地方，改大后用更小的画笔涂在其重叠的地方（见图 1-114 ）。

图 1-113

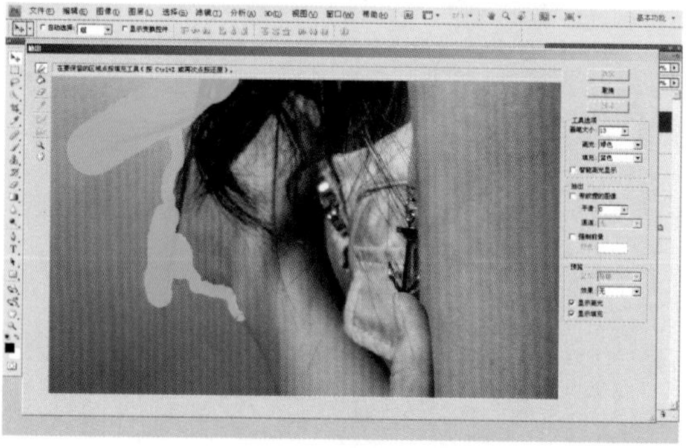

图 1-114

（11）只要是发丝与衬底重叠的地方都应涂上，包括脖子处头发与背景重叠的部位（见图 1-115 ）。

（12）涂好以后，选择左侧工具 ✐ 点击绿色圈好的人物部分，人物被填充为蓝色。单击确定（见图 1-116 ）。

图 1-115

图 1-116

（13）新建一个空白的图层，按 Ctrl+Del 键填充背景色为白色，这时可看到抠图的效果

（见图 1–117）。

（14）头发抠的不是很干净，瑕疵部位用"橡皮擦"  擦掉（见图 1–118）。

图 1–117

图 1–118

（15）抠好的整体效果如图 1–119 所示。

（16）隐藏图层 4 和通道混合器调的效果图层，得到所调的人物为通道混合器调的效果，背景为图层 2 背景的效果。抠图的方法比前面所讲的用画笔擦蒙板要精准（见图 1–120）。

图 1–119

图 1–120

（17）图 1–124 中部分头发偏蓝，可以用"加深"工具 涂抹压暗（见图 1–121）。

（18）微调颜色。由于只对人物部分调色，所以先对刚才抠图抠出来的人物选区，按【Ctrl】键同时单击"图层 3"的，建立人物选区（见图 1–122）。

图 1–121

图 1–122

（19）单击"图层"面板底部的，选择"曲线"调色。亮面调多点蓝色，一点点绿色，加点红色，让皮肤白里透红，把人物调亮点（见图 1–123）。

（20）图1–124所示的图片偏黄，用可选颜色调少点黄色。往左调，蓝色增多，黄色减少。

图 1–123　　　　　　　　　　　　图 1–124

（21）为了让人的肤色红润点，选红色，调青色，往左调多点红色（见图1–125）。

（22）打开"滤镜–Imagenomic–Portraiture"的对话框。降噪是靠虚化柔和画面实现的。调整时根据画面噪点的多少及大小和图片品质选择适合的数值，不能太虚但又要很好地表达出皮肤的质感，通过锐化和柔和处理，一起改变画面的虚实度。比如此处建议调锐化值为20，柔化值为4，阈值为12（见图1–126）。

图 1–125　　　　　　　　　　　　图 1–126

（23）用滤镜工具调好皮肤后的效果如图1–127所示。

（24）柔化其实是虚化，所以再用画笔把不需要虚化的部位擦出（如图1–128）。

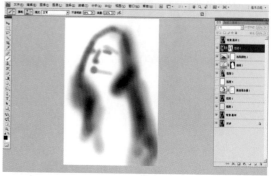

图 1–127　　　　　　　　　　　　图 1–128

（25）最终效果如图 1-129 所示。

图　1-129

（26）效果对比如图 1-130 所示。

a）原片　　　　　　　　　　　　　　　　b）效果图

图　1-130

知识拓展

色彩理论

色彩富有情感，例如暖色让人感觉到温暖，冷色给人沉着冷静的感觉。一张照片由多种色彩组合而成，其画面可能倾向于某一种或某一类颜色，称之为色调。色调是一幅图片的灵魂，在调色时涉及很多色彩理论知识，要掌握好色彩理论知识才能更灵活地调好图片的色彩关系。

● **三原色**

三原色是色彩中不能再分解的基本色，这里所指的三原色是色光三原色：红 Red（R=255，G=0，B=0）、绿 Green（R=0，G=255，B=0）、蓝 Blue（R=0，G=0，B=255）。将它们按照不同的比例混合，可以创造出自然界的任何一种色彩，色光三原色等量混合则生成白色，如图 1-131 所示。电视和电脑显示器中的色彩都是通过这种方式合成的，其原理是电子流不断冲击屏幕上的发光体，使它们发出各种颜色的光。这种屏幕模式称为 RGB 模式，幻灯片、多媒体等一般都使用 RGB 模式。

另外，颜料的三原色和色光的三原色是不一样的，颜料的三原色是红、黄、蓝。

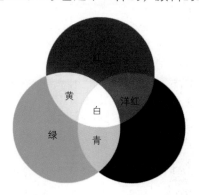

图 1-131 （光学）三原色混合

● **间色**

由两个原色混合得到间色，也称第二次色，例如：红与绿混合得到黄色。

● **复色**

颜色的两种间色或一种原色与其对应的间色相混合，称为复色，也称第三次色。

● **色彩的三属性**

① 色相是指色彩的相貌，如彩虹有七种色，这七种色——"红、橙、黄、绿、青、蓝、紫"就是色相的说法，如图 1-132 所示。

图 1-132 色相图示

② 明度是指色彩的明暗程度。无彩色中明度最高的是白色，明度最低的是黑色，如图 1-133 所示。有彩色加入白色时会提高明度，加入黑色会降低明度，如图 1-134 所示。

图 1-133 灰色的明度变化

图 1-134 蓝色的明度变化

③ 纯度也称饱和度，是指色彩的鲜艳程度，红 Red（R=255，G=0，B=0）、绿 Green
（R=0，G=255，B=0）、蓝 Blue（R=0，G=0，B=255）这些都是纯度较高的色彩，如果混
入白色、灰色和黑色，它们的饱和度就没有这样高了，另外复色饱和度也较低，如图 1–135～
图 1–138 所示。

图 1–135　红（R=255，G=0，B=0）混入白色　图 1–136　红（R=255，G=0，B=0）混入灰色

图 1–137　红（R=255，G=0，B=0）混入黑色

图 1–138　红（R=255，G=0，B=0）与蓝 Blue（R=0，G=0，B=255）的混合

● 色调是指画面色彩调子总体的倾向。如图 1–139 为绿色调，图 1–140 为黄色调。

图　1–139　　　　　　　　　　　　图　1–140

● 互补色通道调色有一个特点，当减少一种颜色的含量时，便会增加它的补色的含
量。例如，减少蓝色的同时，会增加其补色黄色，而红色的补色是青色，绿色的补色是
洋红。

实操演练

1. 用 "曲线调色" 和 "可选颜色" 调整图 1–3 的明暗关系和皮肤色彩。
要求先讨论并填写表 1–16，再完成图 1–3 的影调和偏色的调整。

表 1-16　效 果 说 明

图　名	调整的效果说明	方　法
图 1-3		

2．用上述两种方法调整完图片后，填写表 1-17。

表 1-17　调图方法对比

使 用 工 具	调图的方法	优　势
曲线调色		
可选颜色		
通道混合器		

阶段作业

1．针对所提供的素材，在完成了前面所学的三个问题（构图、去除杂点和身材比例）的调整后，再调整画面的影调。

2．先把下面的图片图 1-141 抠图，再从背景图片素材里找出适合的图片换底。可用于更换背景的图片素材如图 1-142～图 1-144 所示（更多抠图方法见电子资料）。

图　1-141

图　1-142

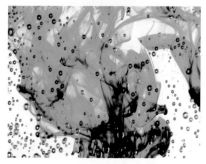

图　1-143

图　1-144

3. 从自己所拍摄过的人像图片中选出两张图片调整其影调关系。

任务评价

根据表 1-18 对任务 2 进行综合评价，满分 100 分。

表 1-18　任务评价

评价内容	评价标准	评价			单项得分
		个人（权重 0.2）	小组（权重 0.4）	教师（权重 0.4）	
职业素质（20 分）	（1）爱护电脑、正确操作电脑并及时整理资料 （2）按时完成学习或工作任务 （3）工作积极主动、勤学好问 （4）有吃苦耐劳、团队合作的精神				
专业能力（70 分）	（1）构图、杂点、脸型和身材等基本问题修饰得完整自然 （2）把人物黄色皮肤调整为真实自然的白皙状态 （3）影调调整正常且符合审美的标准，"曲线调色"、"可选颜色"和"通道混合器调色"的方法掌握到位 （4）"抠图"分离出来的人物完整，边缘衔接自然				
创新能力（10 分）	（1）所处理的图片效果与后期处理要求完全吻合，并能独立思考，按个人所理解的方法处理图片 （2）能发挥个人的想象选择适合的背景表达人物气质				
综合得分					

任务 3　人物写真图像的调色

1.3.1　调中性调

● 任务分析

以图 1-2 为例，表 1-19 列出了 1.3.1 的阶段任务单。

表 1-19　阶段任务单

图　名	后期处理风格	后期处理要求	备　注
图 1-2	中性调	1）基本修饰 2）调成中性调	中性调是一种艺术化的调整方法，它与去色或再调一种色调略有区别，要具体根据人物的暗面和亮面调色彩关系，让暗面和亮面带有淡淡的色彩，一般暗面偏蓝，亮面偏黄

　　有些风格的图片通过后期调色，可以更深入地表达画面内容；如无需后期调色的图片，则在完成基本修饰后直接整体修饰即可。图 1-2 已做过自然色调的还原，该组图片运用灰色的背景，布置了渐变的背景效果，简洁大方，阶段任务单上要求把图片处理成中性调。这里继续以图片 IMG_4579.jpg 为例，在之前的操作中已把图片调为正常的影调，下面就可以直接进行调色。

● 任务实施

1．中性调的调整

（1）软件学习重点

序　号	重　点　知　识
1）	计算亮面、灰面和暗面的方法
2）	纯色填充亮面和暗面的方法
3）	混合模式"颜色"的应用方法
4）	中性调的调法

问："计算"的概念是什么？

答："计算"命令最大的作用在于它提供了一种强大和精确的选择方式。这种方式不同于常用的工具栏中的传统选择方式（如套索和魔棒），它是以像素自身属性（如亮度、色相和饱和度等）为出发点通过一系列确定的方式，决定像素明与暗的取舍，并将这种取舍以通道图像的形式表现出来，最终以选择的形式为图像处理服务。它在影调调整中，精确地选择图片的亮面、灰面和暗面。

"计算"命令可以混合两个来自一个或多个源图像的单个通道，然后将结果应用到新图像或新通道，或者应用到现用图像的选区。好像一个加工厂，它的原料有各种各样的选择（选区、蒙板、通道），产品是新的通道（文档、选区），而混合模式则是生产线，同样的原材料被送上不同的生产线将生产出不同的产品。

打开"计算"命令时，要清楚需要一个什么样的选区，清楚所要选择的通道，熟悉混合方式，这样才能得到想要的结果（见图 1-145）。

在所有的要素中，最重要的是混合模式，它是"计算"的灵魂。具体想了解混合模式相关知识可参考项目 3"时尚人像图像的处理"。

（2）操作步骤

1）计算图片的亮面和暗面，让亮面偏暖（黄），暗面偏冷（蓝）。单击通道进入通道面板，查看红、绿、蓝通道的明暗关系，思考要选出的亮面和暗面和哪个通道比较接近（见图 1-146）。

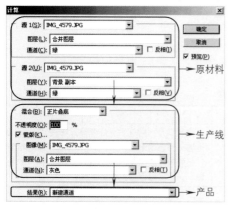

图　1-145　　　　　　　　　　　　　　　图　1-146

2）红通道亮面的范围较大，暗部的范围较小；绿通道亮面和暗部的层次还好，与 RGB 明暗较接近；蓝通道和绿通道明暗差不多，只是稍暗一点。用绿通道和蓝通道都可以计算亮面和暗面。用绿通道计算，选择"图像-计算"，在弹出的计算对话框，混合模式选"正片叠底"与想要的亮面效果较接近。白色或接近白色的层次是计算的亮面。计算的绿通道的亮面稍少了点，所以调不透明度为 90%（见图 1-147）。

3）打开计算的对话框计算暗面，暗面也是用绿通道计算。选源 1 和源 2 反相，混合模式为"正片叠底"，白色或接近白色的区域是计算的暗面（见图 1-148）。

图　1-147

图　1-148

4）单击亮面通道同时按【Ctrl】键，得到计算的亮面选区（见图 1-149）。

5）回到图层面板，单击"图层"面板底部的⬤按钮，在菜单中选择"纯色"命令（见图 1-150）。

图　1-149

图　1-150

6）如图 1-151 所示弹出"拾取实色"的对话框，这里调亮面为偏淡淡的黄色。先调一个淡黄色，等暗部的色彩也做好了，再看整体的效果，如果效果不好可继续更改颜色。

7）在"混合模式"选择"颜色"，使所填充的颜色和皮肤更融合（见图 1-152）。

图　1-151

图　1-152

8）用一样的方法给暗部调色。单击通道面板，单击暗面通道同时按【Ctrl】键，得到暗面选区。回到图层面板，单击"图层"面板底部的 ◢.按钮，在菜单中选择"纯色"命令。在弹出的"拾取实色"对话框里调一个淡淡的蓝色（见图1–153）。

9）在"混合模式"选择"颜色"（见图1–154）。

图 1–153　　　　　　　　　　图 1–154

10）要进行亮面颜色的修改，双击 ▨▨ 图层中的 ▨，在弹出的刚刚调黄色的"拾取实色"对话框中，根据画面效果重新选择颜色；要进行暗面颜色的修改，双击 ▨▨ 图层中的 ▨，在弹出的刚刚调蓝色的"拾取实色"对话框中调整颜色。此时要整体看图片，才能看出颜色是否是自己想要调的中性调的效果，之后再根据画面效果按需要重新选择颜色。

11）最后的效果如图1–155所示。

12）效果对比如图1–156所示。

图 1–155

a）自然色调　　　　　　　　　　b）中性调

图 1–156

2．检查与讨论

如图 1-157～图 1-160 所示，A、B、C、D 四位同学哪位处理的效果最好？说说处理后照片的优缺点，并填写在表 1-20 中。

表 1-20　效 果 分 析

作　品	基本修饰(杂点修饰)	基本修饰（影调关系）	中性调色彩关系（亮面与暗面的色彩倾向）	修 改 建 议
A				
B				
C				
D				

图 1-157　A 同学作品

图 1-158　B 同学作品

图 1-159　C 同学作品

图 1-160　D 同学作品

1.3.2 调流行色调

● **任务分析**

以图 1-3 为例，表 1-21 列出了 1.3.2 的阶段任务单。

表 1-21 阶段任务单

图　名	后期处理风格	后期处理要求	备　注
图 1-3	偏紫蓝的流行色调	1）基本修饰 2）调成偏紫蓝的流行色调	流行色调是时下人物写真图片出现的次数较多的色调

　　流行色调是近来影楼或工作室拍摄人物写真经常会采用的色调。多去影楼或工作室的网站浏览，经过调色后的画面出现的次数较多的颜色就是流行色调。调色要按照画面主题内容选择适合的流行色调。图 1-3 这组图片运用街拍的手法，是人物在不同情境下瞬间的记录。人物活泼并与场景溶入，画面部分颜色鲜艳，可调成近来流行的色调，即让所有的颜色按色彩的冷暖调偏黄、洋红、蓝色调。一般暗部调偏蓝偏洋红，亮部偏黄的色调，如图 1-161 所示的范例。

　　首先分析原片存在的几个问题并整理出需要着重完善的几方面。

　　第一，需要做基本修饰的方面有：①人物面部阴影混乱。②脸型偏大，眼睛一大一小。③拍摄地点在室内，光源色温较低，导致画面偏黄。

　　第二，需要将色彩风格调为流行色调。

　　第三，整体修饰时看画面的效果，一般需要降噪、修饰人物皮肤质感并调整锐度。

a）原片　　　　　　　　　　　　　　　　　b）效果图

图　1-161

● **任务实施**

1．流行色调的调整

（1）软件学习重点

序　号	重 点 知 识
1）	【Q】键进入快速蒙板，再按【B】键选择画笔进行大致选区的方法
2）	"反向"快捷键【Ctrl】+【Shift】+【I】的使用
3）	流行色调的调整方法

（2）操作步骤：

1）首先把图片的瑕疵、影调、偏色等问题处理好。以 IMG_4372.jpg 为例，先把图片调为正常效果。图 1-162a 为原片，图 1-162b 为第一、二、三步调整后（减弱人物面部阴影、调整人物面部和身材、影调关系）的效果图。因为任务单上要求画面亮面偏黄，所以在这里先保留偏色的问题，等到调色时一起调整。

a）原片　　　　　　　　　　b）基本修饰后的效果图

图　1-162

2）开始调色，单击"图层"面板底部的 ⬤ 按钮，选择"曲线"命令。照片黄色偏得还较多，先调蓝色（见图 1-163）。

图　1-163

3）调绿色的暗部为偏洋红（见图 1-164）。

图　1-164

4）调亮灰面红色的补色——青色（见图 1-165）。

图　1-165

5）完成调色后如图 1-166 所示。

图　1-166

6）效果对比如图 1-167 所示。

a）基本修饰后的效果图

b）调色后的效果图

图　1-167

下面开始整体调整。整体调整的任务是对前面做得不够好的，或是做修饰时相互破坏的效果等做最后的调整修饰。如图 1-167b 所示，图中有书本曝光过度、人物面部稍暗和画面有噪点等问题，需要做整体调整。

7）放大图片查看书本的细节。选中"画笔"工具 ，单击"曲线一"图层的蒙板（见图 1-168 ）。

图　1-168

8）选前景色为黑色，背景为白色，用"画笔"工具把书本过曝的地方擦出来。选择中间实边缘虚的画笔。一般分成两个步骤完成：第一步先用大点的画笔以较低的不透明度和流量把书本过曝部位大致擦出来；第二步，放大图片选择稍小点的画笔以较高的不透明度和流量把书本确实需要擦出来的部位擦出来。（还可以再来一个步骤，用 100% 的不透明度和流量把重点部位擦出，直至效果真实自然，如图 1-169 所示。）

9）处理人物面部的明暗。按【Q】键进入快速蒙板，再按【B】键选择"画笔"工具 ，用画笔擦出人物面部和脖子处（见图 1-170 ）。

图 1-169

10）如果擦的范围不对，可用橡皮擦来擦掉多余的部分。如果擦好了，按【Q】键退出快速蒙板形成选区，但现在的选区是除人物面部和脖子以外的部位。

11）按【Ctrl】+【Shift】+【I】反选，现在是人物面部和脖子处的选区，如图 1-171 所示。

图 1-170　　　　　　　　　　　　　　　　图 1-171

12）单击"图层"面板底部的 ⊘ 按钮，在菜单中选择"曲线"命令，在亮灰的部位往上调，提亮人物面部（见图 1-172）。

13）面部调好了后，整体观察图片不难发现人物的腿部较黄较暗。单击"图层"面板底部的 ⊘ 按钮，在菜单中选择"可选颜色"命令，用"可选颜色"增加黄色的亮度，使腿变亮些（见图 1-173）。

14）书本还是太过曝光，因此选择白色，增加黄色，也可选黑色向右调暗，如图 1-174所示。

图 1-172

图　1-173

图　1-174

15）按【Ctrl】+【Shift】+【Alt】+【E】盖印图层做降噪处理。选择"滤镜-Imagenomic-Portraiture"，调锐化值为 13，柔化值为 6，阈值为 10（见图 1-175）。

16）降噪后的图片效果如图 1-176 所示。

17）降噪后，对重点部位：人物五官和头发，以及其他没有噪点又需清晰的地方，用"画笔"工具在该图层的蒙板将它们擦出。一般是将除皮肤和背景以外的部分擦出，结合"景深"知识把图片调得真实自然（见图 1-177）。

图　1-175

图 1-176

图 1-177

18）效果对比如图 1-178 所示。

a）原片

b）效果图

图 1-178

2. 检查与讨论

如图 1-179～图 1-182 所示，A、B、C、D 四位同学哪位处理的效果最好？说说处理后照片的优缺点，并填写在表 1-22 中。

表 1-22 效 果 分 析

作 品	基 本 修 饰	色彩关系（亮面与暗面的色彩倾向）	修 改 建 议
A			
B			
C			
D			

图 1-179　A 同学作品

图 1-180　B 同学作品

图 1-181　C 同学作品

图 1-182　D 同学作品

1.3.3　调怀旧风格

● 任务分析

以图 1-4 为例，表 1-23 列出了 1.3.3 的阶段任务单。

表 1-23　阶段任务单

图　　名	后期处理风格	后期处理要求	备　　注
图 1-4	怀旧风格	1）基本修饰 2）调成偏黄的怀旧风格	怀旧风格带有浓浓的思念，时间把过去沉淀，照片呈旧旧的黄色调

应顾客的要求，主题人物写真——"冬季恋歌"后期要调整为带有怀旧风格的图片。一般一个主题包括多张图片，每张图片后期调法差不多，图片统一调为一个色调，这是主题人物写真和普通人物写真最大的区别。主题人物写真在拍摄前要有一个完整的策划，按照策划的内容准备道具并选择场景拍摄，拍摄结束后按策划要求挑选图片再进行后期处理。主题人物写真是一个完整的流程操作，并不是只着重于后期处理，而是要把方方面面衔接好。画面处理过程为：调整构图问题和去除杂点—调整人物脸型和身材—调整画面影调和偏色问题—按画面风格调色—整体修饰。首先对图片进行基本修饰，如果图片本身影调和画面效果较好，就无需做基本修饰可以直接调色。此组图片的人物皮肤较好，面部和身材结构比例匀称，画面构图和曝光较好，所以直接进行调色，以 IMG_2898 为例做讲解，如图 1–183 所示。

● 任务实施

1．怀旧风格的调整

（1）软件学习重点

序　　号	重 点 知 识
1）	混合模式"柔光"的应用方法
2）	"通道混合器"调整图片为黑白的方法
3）	怀旧风格的调整方法

（2）操作步骤

1）打开图片 IMG_2898.jpg，复制两个图层。混合模式选择"柔光"，改变不透明度为58%，单击蒙板用"画笔"工具 把画面偏暗、没有层次的部位擦出（见图 1–183 ）。

图　1–183

2）单击"图层"面板底部的 按钮，选择"通道混合器"命令，调整图片为黑白色调（见图 1–184 ）。

3）在弹出的对话框中选单色，"通道混合器"调黑白，按红、绿和蓝色三个通道改变它们的值而调整各个通道的明暗关系，一般红色的值增加人物皮肤的层次较好，红、绿、蓝三个通道的值加在一起为 100。如果总值为 105，则画面会亮些，总值超出 100 越多画面越亮（见图 1–185 ）。

图　1-184

图　1-185

4）改变所调图层的不透明度为 63%（见图 1-186）。

图　1-186

5）单击"图层"面板底部的  按钮，在菜单中选择"曲线"命令，调整画面的色调偏黄，将蓝通道曲线向下调（见图 1-187）。

6）将绿通道曲线向下调，增加洋红色（见图 1-188）。

7）将红通道曲线向上调，增加红色（见图 1-189）。

图　1-187

图　1-188

8）打开胶片素材如图 1-190 所示，以用于合成。

图　1-189

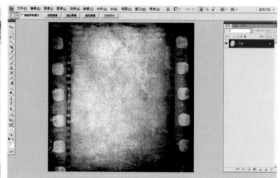

图　1-190

9）把素材拉到人物图层，并调整好位置（见图 1-191）。

10）在"混合模式"选择"柔光"（见图 1-192）。

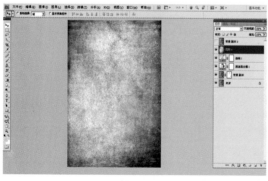

图　1-191

图　1-192

11）选择"画笔"工具 降低不透明度和流量的值，擦出人物部位。让人物面部带有淡淡的素材纹理的效果，人物其他部位的素材纹理保留 50% 左右并与背景融合，这样就能显出照片昔日的感觉，真实自然（见图 1-193）。

12）最后进行整体调整。从画面来看，色调略偏冷。双击曲线 1 图层的 ，弹出所调过的曲线对话框，将红色调多一点（见图 1-194）。

图 1-193

图 1-194

13）效果对比如图 1-195 所示。

a）原片

b）效果图

图 1-195

2．检查与讨论

如图 1-196～图 1-199 所示，A、B、C、D 四位同学哪位处理的效果最好？说说处理后照片的优缺点，并填写在表 1-24 中。

表 1-24 效 果 分 析

作 品	基 本 修 饰	色彩关系（亮面与暗面的色彩倾向）	整 体 效 果	修 改 建 议
A				
B				
C				
D				

图 1-196　A 同学作品

图 1-197　B 同学作品

图 1-198　C 同学作品

图 1-199　D 同学作品

实操演练

把图 1-4 调为低饱和度色调。表 1-25 列出了实操演练的阶段任务单。

表 1-25　阶段任务单

图　　名	后期处理风格	后期处理要求	备　　注
图 1-4	低饱和度色调	1）基本修饰 2）降低色彩饱和度	降低画面的色彩饱和度，往往会使画面有一种厚重的效果，显得有内涵而且让人有联想的空间

1. 软件学习重点

序　号	重 点 知 识
1）	◔.中"黑白"命令调色调的方法
2）	计算暗部，调暗部偏蓝色的操作方法
3）	"智能滤镜"的使用方法
4）	用"滤镜–扭曲–镜头校正"压暗边角的方法

2. 操作提示

1）先把图片调为黑白色调。调黑白片的方法有很多种，其中之一是单击"图层"面板底部的◔.，选"黑白"命令。如果肤色太黄且偏暗，单击"黑白"调整面板的▣，用工具栏的"吸管"工具◢单击人物面部的颜色，这时属于人物面部色彩的数值会跳出来变成蓝底。在变成蓝底的颜色处调亮，则肤色变亮。接着选色调，单击"色调"旁的色板，在弹出来的对话框中选择一个淡橙色，RGB 值为 R 为 254，G 为 227，B 为 197。

2）降低黑白调的不透明度至 45% 左右，图片画面带有淡淡的原片效果。

3）让暗面偏蓝，先计算暗面再调色。按【Ctrl】+【Shift】+【Alt】+【E】键盖印图层。单击通道进入通道面板，观察每个通道的暗面，找一个与实际暗面比较接近的通道计算。绿通道的暗部表达较到位，用绿通道计算，选择"图像–计算"进入计算的面板，混合模式选"正片叠底"，选中源 1 和源 2 的反相。

4）暗面调色。对计算的暗面选区，返回图层面板，单击"图层"面板底部的◔.按钮，在菜单中选择"曲线"命令，蓝通道暗面往上调增加了暗面的蓝色，在绿通道增加暗面的洋红色。

5）依情况调整整体明暗关系。

6）接下来压暗画面的边角，按【Ctrl】+【Shift】+【Alt】+【E】键盖印图层，先把图层转换为智能滤镜，选择"滤镜–转换为智能滤镜"。

7）选择"滤镜–扭曲–镜头校正"进入镜头校正的面板，调节晕影和中点。晕影数量越向左调、边压得越暗，范围越大，移动中点可以改变晕影变化的范围。

8）单击智能滤镜□的蒙板□调整压暗的边角，把有些边角擦淡些，使影调更真实自然。

 小知识

创建智能滤镜的作用

① 对滤镜效果进行调整，点 **镜头校正** 进入刚做的滤镜效果面板可以再次调整。

② 可以通过滤镜的蒙板调整刚才所操作的画面。

③ 点 ⇄ 可对滤镜效果更改混合模式和改变不透明度。

参考处理前后的效果，图 1–200a 为原片，图 1–200b 为处理好的低饱和度效果图。

a）原片   b）效果图

图 1-200

任务作业

1. 对老师提供的素材进行调色。
2. 从以前策划拍摄的图片中挑选两组类似本任务效果的图片，然后也按上述方法调色。

任务评价

根据表 1-26 对任务 3 进行综合评价，满分为 100 分。

表 1-26 任 务 评 价

评价内容	评价标准	评 价			单项得分
		个人 （权重 0.2）	小组 （权重 0.4）	教师 （权重 0.4）	
职业素质 （20 分）	（1）爱护电脑、正确操作电脑并及时整理资料 （2）按时完成学习或工作任务 （3）工作积极主动、勤学好问 （4）有吃苦耐劳、团队合作的精神				
专业能力 （70 分）	（1）对老师提供的素材调色准确，细节也做得很好，整体修饰完整 （2）能按图片主题需求选择适合的色调调色 （3）能保持主题摄影图片的风格统一				
创新能力 （10 分）	（1）所处理的图片效果与后期处理要求完全吻合 （2）能运用更多的方法或效果调色				
综合得分					

任务 4　项目评价

● 任务准备

学生拷贝处理好的人物写真图片，需要有图层；将相对应的拍摄策划书准备好。

● 任务实施

1. 学生对所处理的图片加以介绍说明，如果所处理的图片是按照拍摄策划要求或摄影师的要求处理的，可结合他们的要求详细说明。每位同学的介绍时间应控制在四分钟以内。

2. 作评价人的老师和学生对图片提问。如果个别学生有较好的处理方法，可介绍并分享给其他学生。

3. 依据表 1-27 中的处理方法、具体的处理步骤（基本修饰）及效果（色彩与影调及整体修饰）、学生的语言表达这几个方面的各评价指标进行打分，满分为 100 分。

表 1-27　人物写真图像处理评分

评价内容	评分标准	评分			单项得分
		个人 （权重 0.2）	小组 （权重 0.4）	教师 （权重 0.4）	
处理方法 （10 分）	（1）能按照策划或摄影师的要求处理图片 （2）能按图片的处理步骤有序地处理图片				
基本修饰 （30 分）	（1）图片构图的调整符合审美的要求 （2）去除了痘、斑等杂点，块面衔接自然 （3）把破坏画面的暗影处理得自然 （4）处理后人物脸型和身材比例符合审美的要求和人物本身的特点 （5）正确地调整了影调和明显偏色的问题 （6）如果没有调整构图和偏色的问题应酌情扣分				
色彩与影调 （30 分）	（1）所调色调与画面主题吻合，且色彩关系准确 （2）所调影调符合内容的需求和摄影画面审美的标准				
整体修饰 （20 分）	（1）因处理过程中由破坏或忽视环节产生的不足，可通过整体修饰完善画面效果 （2）皮肤处理得自然，符合人物皮肤的特点，细腻而有质感				
语言表达 （10 分）	（1）语言表达清晰到位 （2）叙述内容简洁 （3）在规定的时间内完成介绍				
总　　分					

项目2 婚纱摄影图像的处理

婚纱摄影图像的处理广泛应用于影楼和工作室。近年来婚纱摄影的拍摄风格有时尚简约风格、唯美风格、欧式风格、中式、日式和韩式民族风格等。从后期处理的角度来说，时尚简约风格一般是处理成自然色调；唯美风格要处理成极具浪漫的画面效果；欧式风格处理成偏黄调或低饱和度色调；中式、日式和韩式民族风格则按时代的特点调为偏旧的年代效果，或按图片原本风格处理成自然色调。对不同风格婚纱摄影图片的处理主要建立在对图片风格的理解上，需要按主题风格把色彩关系调准确。

本项目以近些年流行的婚纱摄影图片后期处理为例，挑选了有代表性的图片讲解基本修饰、调色和整体调整的操作步骤。在婚纱摄影后期处理中调色是关键，婚纱图片的后期处理，与人物写真流行风格的处理有些相似，因此前面所讲的人物写真的处理和调色调方法同样适合婚纱图像的后期处理。

学习目标	项目内容

- ✧ 了解婚纱摄影资料的收集方法
- ✧ 了解快速处理人物皮肤的方法
- ✧ 深入学习婚纱人像脸型和身材的处理方法
- ✧ 了解色彩的基本原理与用 Photoshop 进行人像调色的方法
- ✧ 熟悉不同风格婚纱摄影图片的色彩倾向

- ✧ 分类并分析婚纱摄影素材
- ✧ 处理人物的皮肤问题
- ✧ 调整人物脸型和身材的比例关系
- ✧ 进行婚纱摄影调色
- ✧ 对不同风格婚纱摄影的调色

本项目将依据表 2-1 项目要求展开婚纱人像处理的任务。

表 2-1 项 目 要 求

项 目 名 称	婚纱摄影图像的处理
项 目 要 求	（1）初步练习时用教师提供的项目图片做修饰，以便掌握技能和调色方法，进阶学习时用自己所拍摄好的婚纱摄影图片做修饰，从而强化知识点的运用 （2）能结合拍摄时的想法完成后期修饰 （3）处理后效果符合市场审美需求 （4）解决实际问题
规 格 要 求	（1）用 TIF 或 JPG 的最大格式处理图片 （2）图片保存为 PSD 格式，并要保留好图层
备 注	在 3 课时以内完成对一张图片的处理

项目素材

1. 需要处理的图片　以下是××摄影工作室提供的需要修饰的人物写真图片素材。把它们分为单张图片的处理（见图 2-1）、组图的处理（见图 2-2）及系列图片的处理（见图 2-3～图 2-6）。

a）　　　　　b）　　　　　c）　　　　　d）

图 2-1

26.jpg

27.jpg

28.jpg

57.jpg

图　2-2

6H5V9305.JPG

6H5V9306.JPG

6H5V9321.JPG

6H5V9322.JPG

图　2-3

6H5V8951.JPG

6H5V8955.JPG

6H5V9003.JPG

6H5V9007.JPG

图　2-4

6H5V9183.JPG

6H5V9190.JPG

6H5V9216.JPG

6H5V9217.JPG

图　2-5

6H5V9038.JPG

6H5V9055.JPG

6H5V9061.JPG

6H5V9132.JPG

图　2-6

2．任务单　表2-2是婚纱人像图像后期处理的任务单。

表2-2　任　务　单

图　名	后期处理风格	后期处理要求	备　注
图2-1	时尚简约 （1）自然	（1）调整人物脸型和身材 （2）去除人物脸部的斑点、痘痘等瑕疵 （3）减淡黑眼圈、法令纹、嘴角的阴影 （4）修饰皮肤 （5）突出人物五官	自然色调是还原照片本身的特点，只需要调构图、去杂点、调整人物脸型和身材，及还原正常色调
	（2）唯美	调整为人物偏白，暗部偏洋红和蓝色，亮面偏暖偏黄色	刚处理的图片按唯美效果处理，使人物皮肤白皙，嘴唇红润，暗部偏冷，头纱偏冷，人物面部偏暖白
图2-2	按季节变换（由夏季调为秋季）	（1）把画面的绿色背景调为秋天的黄色调 （2）人物色彩自然 （3）暗部偏蓝色	用 Lab 模式调季节，对人物色彩关系影响较小，便于整体调整
图2-3 图2-4 图2-5 图2-6	首先读图，按图片的画面效果设想图片的风格并做调色处理，每组图片风格须统一	（1）调整画面构图问题并去除杂点 （2）依情况调整人物脸型和身材 （3）调整影调和偏色问题 （4）调色	在处理过程中，可以运用多种方法

任务1　婚纱摄影图像处理项目分析

● **任务准备**

准备相机、草稿本和婚纱摄影图片资料。

● **任务实施**

2.1.1　婚纱摄影图像处理的流行趋势

1．自然调　时尚简约风格是一种典型的自然调风格。时尚是一定时间内由某些人创造的，引领衣着、打扮、饮食、行为、居住、消费、甚至情感表达与思考方式的一股潮流，具有一定的审美观和追随者。时尚婚纱摄影打破常规婚纱的穿法或拍摄方法，以时尚的婚纱服装配以时尚简约的造型，由摄影师用流行的光线和简洁的背景，或运用饱和度高的颜色拍摄。模特的姿势不会过于传统和保守，直接、个性、大胆地表达人物情绪和生活态度。拍摄通常善于运用人物线条的美感，通过人物的眼、嘴、肩、锁骨等动态表达人物内心情绪，具有时尚的美感。其后期处理一般遵循时尚本身的形式感和风格，注重对线条感和皮肤质感的打造。

2．黄色调

（1）欧式风格婚纱摄影以欧洲的建筑、壁柱、窗子等作为背景，结合欧洲文化和生活，在道具和人物装扮上与特定时代结合，包括其中所使用的假花均是欧式风格。欧式风格的色彩一般是黄褐调或偏黄的低饱和色调，画面偏暖。

（2）古典画意风格婚纱摄影是对绘画作品进行模仿，一般运用油画背景，结合背景的情境配以相关的装饰，画面色调与欧式风格差不多，都是偏黄褐调，偏暖，古典画意的色彩更浓郁些。

3．低饱和度　中性调是低饱和度的一种。低饱和度降低色彩的饱和度，按现在流行照片的调法，照片偏点洋红、蓝色或黄色。低饱和度色彩关系能更好地处理画面元素之间的关系，使整体色彩容易达到和谐，有厚重感，画面显得有内涵。

4. 流行色调　流行色调是近些年流行颜色的调法，或是降低饱和度，或是让画面的暗部偏蓝偏洋红，亮面偏黄。总之图片比较个性化，深受"80 后"和"90 后"的喜爱。

2.1.2　项目准备及项目分析

1. 婚纱摄影图片资料的收集

（1）网上收集资料。

（2）考察影楼或工作室。

（3）调查问卷。

2. 分类整理　如图 2-7 所示，可将素材图片按自然调、黄色调、低饱和度和流行色调分别整理至四个文件夹中。

自然调　　　黄色调　　　低饱和度　　　流行色调

图　2-7

3. 项目分析　依照表 2-3 中图 2-1 所填的内容，分析并填写其他三组图中存在的问题至表中。

表 2-3　图片分析报告书

图　名	需要处理的内容及细节	备　注
图 2-1	（1）人物脸型和身材的调整：如图 2-1a、图 2-1b 和图 2-1c （2）去除人物脸部的斑点、痘痘等瑕疵：所有图片 （3）皮肤色调调整：如图 2-1c 和图 2-1d （4）修饰皮肤：所有图片 （5）突出人物五官：所有图片	
图 2-2		
图 2-3		
图 2-4		
图 2-5		
图 2-6		

任务评价

根据表 2-4 对任务 1 进行综合评价，满分为 100 分。

表 2-4　任务评价

评价内容	评价标准	评价			单项得分
		个人（权重 0.2）	小组（权重 0.4）	教师（权重 0.4）	
职业素质（20 分）	（1）爱护电脑、正确操作电脑并及时整理资料 （2）按时完成学习或工作任务 （3）工作积极主动、勤学好问 （4）有吃苦耐劳、团队合作的精神				
专业能力（70 分）	（1）收集多种风格的婚纱摄影图片，这些图片要能代表行业领先水平 （2）能按个人需求和老师要求的方法准备图片并分类 （3）对图片后期处理的分析到位				
创新能力（10 分）	对图片后期处理的分析很到位，并有自己的看法				
综合得分					

任务 2　婚纱摄影图像的基本修饰

● **任务准备**

准备拍摄好的系列图片和相关图片资料。

● **拍摄说明**

拍摄参数　快门 1/125，光圈 13，ISO 100。

（1）一般顾客的脸拍出来都会显胖，有些光效虽然能获得细腻的皮肤质感，但容易显臃肿。

（2）人物皮肤的斑点较多，黑眼圈较重。

图 2-8

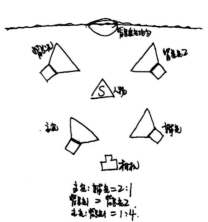

图 2-9　光位图

● 任务分析

以图 2-1 为例，表 2-5 列出了任务 2 的任务单。

表 2-5　任　务　单

图　名	后期处理风格	后期处理要求	备　注
图 2-1	时尚简约：自然	（1）调整人物脸型和身材 （2）去除人物脸部的斑点、痘痘等瑕疵 （3）减淡黑眼圈、法令纹、嘴角的阴影 （4）修饰皮肤 （5）突出人物五官	自然色调是还原照片本身的特点，只需要调构图、去杂点、调整人物脸型和身材，及还原正常色调

● 任务实施

1. 用圆圈标示需要调整的部位　以图 2-1 为例，在表 2-6 中用圆圈标示每张图片需要调整的部位，并加文字说明。

表 2-6　任　务　实　施

图　名	用圆圈标示需要调整的部位	文　字　说　明
图 2-1a		（1）人物的脸型宽大，下巴宽 （2）额头上的头纱稍大 （3）应做适当提胸
图 2-1b		

（续）

图　　名	用圆圈标示需要调整的部位	文 字 说 明
图 2-1c		
图 2-1d		

2. 软件学习重点

序　　号	重 点 知 识
（1）	新建空白图层，用"图章"工具降低不透明度和流量，减淡阴影
（2）	调整人物脸型的方法

3. 操作步骤

（1）打开图 2-1a，先调整人物脸型，按【Ctrl】+【Alt】+【I】打开"图像大小"面板，改 72.1 的分辨率为 30。选择"滤镜–液化"打开"液化"对话框，先用"向前变形"工具 🖐 大画笔调整整体关系（见图 2-10）。

（2）放大图片，用小画笔精调人物脸型（见图 2-11）。

（3）调整好后在电脑硬盘存储网格，以备后用。保存好以后，再取消对话框。打开历史记录或按【Ctrl】+【Z】键返回图像大小的前一步。导入刚做的液化效果，选择"滤镜–液化"打开"液化"对话框，用"载入网格"导入刚保存的液化效果（见图 2-12）。

图　2-10

图　2-11

图　2-12

（4）进行人物皮肤的处理。首先新建一个空白图层，处理人物面部大的斑点、痘痘等瑕疵（见图 2-13）。

（5）用"修复画笔"工具 ，在修饰时注意随时放大、缩小图片以对比效果（见图 2-14）。

图　2-13

图　2-14

（6）完成瑕疵的修饰后，效果如图 2-15 所示。

图 2-15

（7）再新建一个空白的图层，减淡阴影（黑眼圈、法令纹、嘴角等一切偏暗的部位或结构），用"图章"工具 降低不透明度和流量，样本选为"所有图层"（见图 2-16）。

图 2-16

（8）完成面部阴影的修饰如图 2-17 所示。

图 2-17

（9）效果对比如图 2-18 所示。

a) 原片

b) 效果图

图　2-18

4. 针对所处理的效果，填写表 2-7。

表 2-7　过 程 检 查

图　名 检查项	图 2-1a	图 2-1b	图 2-1c	图 2-1d
脸　型				
身　材				
修饰瑕疵				
影调和偏色的问题				
相关工具的操作				

任务评价

根据表 2-8 对任务 2 进行综合评价，满分为 100 分。

表 2-8　任 务 评 价

评价内容	评价标准	评　价			单 项 得 分
		个人 （权重 0.2）	小组 （权重 0.4）	教师 （权重 0.4）	
职业素质 （20 分）	（1）爱护电脑、正确操作电脑并及时整理资料 （2）按时完成学习或工作任务 （3）工作积极主动、勤学好问 （4）有吃苦耐劳、团队合作的精神				

（续）

评价内容	评价标准	评价			单项得分
		个人 （权重 0.2）	小组 （权重 0.4）	教师 （权重 0.4）	
专业能力 （70 分）	（1）五官比例准确，人物脸型和身材的调整符合人物气质且符合审美的标准 （2）去除所有的杂点，层次衔接自然 （3）图片的基本修饰处理到位，影调和色彩还原正常				
创新能力 （10 分）	除了会用以上的方法，还要能够钻研其他方法有效地处理图片				
综合得分					

任务 3　婚纱摄影图像的整体调整

● **任务准备**

准备相关的图片资料、安装 Kodak 皮肤处理滤镜插件。

● **任务分析**

整体看图片是否仍然有影调、色彩、构图等的综合问题，基本修饰调整好了图片的构图、杂点、脸型、身材和影调等，但是也许整体上受到影响又出现了新的问题，所以调图是按照先整体入手，再局部修饰，最后再整体调整的思路一步步完成的（见图 2-19）。

a）原片

b）基本修饰后的效果图

图　2-19

如图 2-19b 所示照片仍存在以下几个问题：

（1）胸前部分的婚纱过亮。

（2）人物皮肤质感不够好。

（3）为突出五官需要对图像锐化处理，尤其是人物的眼睛，眼睛是人像摄影图片最为重要的部位。

● 任务实施

1. 软件学习重点

序　号	重点知识
（1）	Kodak 皮肤处理滤镜插件的应用方法
（2）	"锐化—USM 锐化" 提高人物五官精度的方法
（3）	整体调整的方法

2. 操作步骤

（1）按【Ctrl】+【Shift】+【Alt】+【E】盖印图层，从整体的角度看图片。人物胸前部分的婚纱过亮，用"加深"工具改变曝光度，涂抹偏淡的部位（见图 2-20）。

图　2-20

（2）处理皮肤的质感，选择"滤镜–Kodak–DIGITAL GEM Airbrush Professional v2.0.0"。打开对话框，"混合"值调为 54，对话框左侧能对比调整之前和之后的效果。图 2-21 为调整之后的效果，图 2-22 为调整之前的效果。

图　2-21

图 2-22

（3）点击"好"，返回图层面板。用"画笔"工具✐擦出除皮肤以外的部位。先用大点的画笔以低的不透明度大致擦一遍，按 Alt 键同时鼠标点▯便可看到所擦的具体部位（见图 2-23 ）。

图 2-23

（4）再用小点的画笔，以较高的不透明度把确实需要很清晰的部位擦出，按【Alt】键同时用鼠标单击▯，这时看到所擦的具体部位（见图 2-24 ）。

图 2-24

（5）单击除蒙板以外的图层，回到照片效果（见图 2-25 ）。

图　2-25

（6）按【Ctrl】+【Shift】+【Alt】+【E】盖印图层，选择"滤镜-锐化"。锐化的作用是增强眼睛的对比度，使眼睛更有神，更清晰。但不能调得太过，如果锐度太高，可增加阈值。阈值起到柔和画面的作用（见图 2-26）。

图　2-26

（7）最终的效果如图 2-27 所示。

图　2-27

（8）效果对比如图 2-28 所示。

a）基本修饰后的效果图　　　　　　b）整体修饰后的效果图

图　2-28

3. 针对所处理的效果，填写表 2-9。

表 2-9　过 程 检 查

图名 检查项	图 2-1a	图 2-1b	图 2-1c	图 2-1d
破坏整体的局部修饰				
皮肤质感				
五官的突出				
相关工具的操作				

实操演练

按婚纱摄影后期处理的标准处理图 2-29。

要求：

（1）把偏黄的皮肤调为白皙的皮肤。

（2）突出五官。

（3）局部修饰以后再从整体着手修饰图片。

图　2-29

操作提示：

（1）皮肤上的痘痘、斑点及阴影处用"图章"工具和"修复画笔"工具修饰。

（2）把皮肤的黄色减少，使得皮肤白皙。用曲线调色，在调图时打开通道面板对照红、绿、蓝的通道的明暗调色。

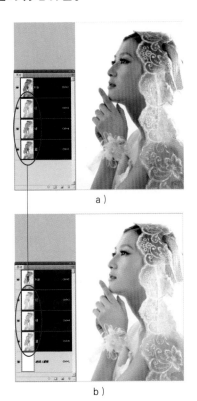

把各个通道调亮，蓝通道暗说明黄色多，蓝色少，从而增加蓝色；绿通道暗说明洋红多，绿色少，从而增加绿色（见图 2-30）。

图　2-30

曲线调色，分别依次调蓝色、绿色和红色（见图 2-31）。

图　2-31

（3）由于皮肤略偏红，用"可选颜色"减少红色，增加其补色——青色（见图 2-32）。

图 2-32

（4）先盖印图层，然后用滤镜插件处理皮肤，并用蒙板把五官和服装擦出（见图2-33）。

图 2-33

（5）用"滤镜–USM 锐化"突出五官（见图2-34）。

图 2-34

（6）把确实需要锐化的部位擦出。建立一个黑蒙板，把眼睛、鼻子、嘴唇和贴近人物边缘的花边擦出。在擦的时候根据层次过渡自然而变化画笔的不透明度或流量（见图2-35）。

（7）整体调整

第一个问题：皮肤血色不够好且皮肤稍暗，用"曲线"工具调亮图片并加点红色；

第二个问题：脸型需稍做修饰，用液化滤镜的"向前变形"工具调整；

第三个问题：右侧的头发过实，白色的纱缺少层次，头发过实用"模糊"工具抹虚，用"减淡"工具减淡。白色的纱缺少层次，可新建图层用"图章"工具改变不透明度和流量进行复制（见图2-36）。

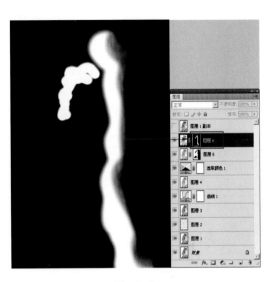

图　2-35

a）原片

b）没有调整体关系时的效果图

c）调完整体关系后的最终效果图

图　2-36

任务评价

根据表2-10对任务3进行综合评价，满分为100分。

表2-10　任务评价

评价内容	评价标准	评　价			单项得分
		个人 （权重0.2）	小组 （权重0.4）	教师 （权重0.4）	
职业素质 （20分）	（1）爱护电脑、正确操作电脑并及时整理资料 （2）按时完成学习或工作任务 （3）工作积极主动、勤学好问 （4）有吃苦耐劳、团队合作的精神				

（续）

评价内容	评价标准	评 价			单项得分
		个人（权重0.2）	小组（权重0.4）	教师（权重0.4）	
专业能力（70分）	（1）能从整体入手处理基本修饰的问题 （2）皮肤处理完善 （3）五官的锐化效果良好 （4）具备其他整体与局部分析与处理的能力				
创新能力（10分）	从整体入手分析图片到位，并能快速地处理				
综合得分					

任务 4　婚纱摄影图像的调色

2.4.1　调唯美色调

● **任务分析**

以图 2-1 为例，表 2-11 列出了 2.4.1 的阶段任务单。

表 2-11　阶段任务单

图　名	后期处理风格	后期处理要求	备　注
图 2-1	唯美	调整为人物偏白，暗部偏洋红和蓝色，亮面偏暖偏黄色	刚处理的图片按唯美效果处理，人物皮肤白皙，嘴唇红润，暗部偏冷，头纱偏冷，人物面部偏暖偏白

"唯美"源于绘画的唯美主义，起源于 19 世纪后期的英国艺术和文学领域，它强调超然于生活的纯粹美，追求形式完美和艺术技术。唯美的婚纱照片自然通透，用色较淡，像红黄蓝等色加白较多，为营造浪漫、温馨的场面，象征婚姻的纯洁和庄严。图 2-1a 按唯美效果处理整体要再白亮一些，嘴唇红润，暗部偏冷，头纱偏冷，人物面部偏暖白。

● **任务实施**

以图 2-1 中的图 a 为例进行唯美风格的调整。

1. 软件学习重点

序　号	重点知识
（1）	Lab 颜色调低饱和度的方法
（2）	唯美色调的调法

2. 操作步骤

（1）单击"图层"面板底部的 ⊘ 按钮，在菜单中选择"纯色"命令，将图层填充为白色（见图 2-37）。

（2）单击图层面板，按 6 键，将不透明度设置为 60%。"混合模式"一项选择"柔光"（见图 2-38）。

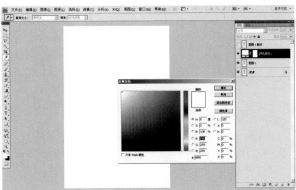

图　2-37

图　2-38

（3）在转换为 Lab 颜色之前，合并刚刚所做的效果图层。选择"图像–模式–Lab 颜色"，这时弹出一个对话框，选"不拼合"（见图 2-39）。

（4）单击"图层"面板底部的 ◢.按钮，在菜单中选择"曲线"命令。Lab 颜色有三个通道：明度、a 和 b 通道。明度表达的是画面的黑白灰关系；a 代表的是从洋红到绿颜色一系列色彩变化的关系；b 代表的是从黄到蓝颜色一系列色彩变化的关系。首先调 a 通道，降低画面的红色（见图 2-40）。

图　2-39

图 2-40

（5）如图 2-41 所示，先把曲线调成 U 字形。

图 2-41

（6）根据画面的色彩关系再微调（见图 2-42）。

图 2-42

（7）调好 a 通道后，把人物的头纱擦出来，让它保留之前的冷色。关闭对话框后，再次单击 🖉.重新打开"曲线"命令。这次调 b 通道，往上调点黄色（见图 2-43）。

（8）调好 b 通道后，用画笔把头纱部分擦出。接下来就调整画面的明暗关系。由于头发和眼睛不够暗，所以来调整明度通道的暗部（见图 2-44）。

图　2-43

图　2-44

（9）按【Ctrl】键选中刚调 Lab 模式颜色的几个图层，点右键选"合并图层"，合成一个"曲线 3"图层。把调过曲线的图层合为一个图层，避免在转为 RGB 颜色时合并所有的图层。选择"图像-模式-RGB 颜色"，设置为 RGB 颜色。在跳出的对话框中选"不拼合"（见图 2-45）。

图　2-45

（10）调整暗部的色彩关系。先计算画面的暗部，选择"图像-计算"，打开计算的对话框，用绿通道计算，选源 1 和源 2 的反相，混合模式为正片叠底，不透明度为 100%。按【Ctrl】键，同时点 Alpha1 通道，选中暗部选区。返回"图层"面板，单击"图层"面板底部的 ⃝.按钮，选择"曲线"命令，调整暗部使其偏蓝色（见图 2-46）。

图　2-46

（11）如图 2-47 所示，为绿通道的暗部调出一些洋红色。

图　2-47

（12）最后效果如图 2-48 所示。

图　2-48

（13）调整前后效果对比如图 2-49 所示。

a）自然色调

b）唯美色调

图　2-49

知识拓展

　　Lab 颜色有三个通道：明度、a 和 b 通道（见图 2-50）。明度表达的是画面的黑白灰关系（见图 2-51）；a 代表的是从洋红到绿色一系列色彩变化的关系（见图 2-52），a 通道越亮表示红色越多；b 代表的是从黄到蓝颜色一系列色彩变化的关系（见图 2-53），b 通道越暗表示蓝色越多。

　　Lab 用两个反色通道定义颜色。正值表示暖色，如 a 通道中的洋红色，b 通道中的黄色；负数代表冷色，如 a 通道中的绿色，b 通道中的蓝色。零值代表中性色。

　　明度通道理解为用黑色和白色渲染文档，但颜色有点浅。其编码方法与灰度相反：0 表示黑，100 代表亮。

　　Lab 色彩的优势是它的色域超出了 RGB 和 CMYK。分别对 Lab 的各通道进行调整时，图片色调的变化具备一定规律。

图 2-50　Lab 通道

图 2-51　明度通道

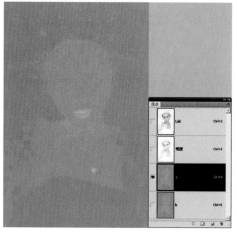

图 2-52　a 通道

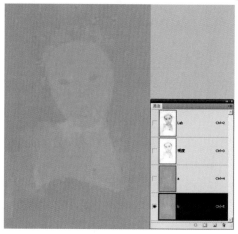

图 2-53　b 通道

1. 将明度通道的明暗进行调整，其效果变化如图 2-54～图 2-56 所示。

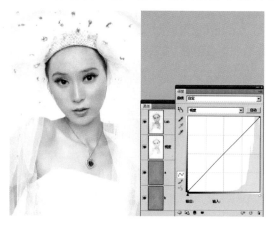

图 2-54　原始效果

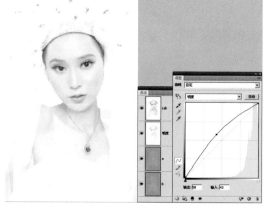

图 2-55　明度通道调亮后的效果图

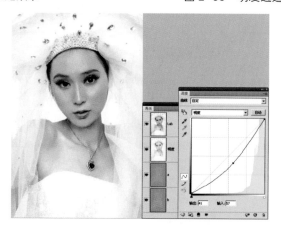

图 2-56　明度通道调暗后的效果图

2. 将 a 通道色彩关系进行调整，其效果变化如图 2-57 与图 2-58 所示。

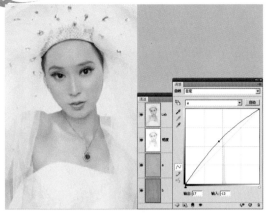

图 2-57　a 通道调亮（增加洋红）　　　　　图 2-58　a 通道调暗（增加绿色）

3．将 b 通道色彩关系进行调整，其效果变化如图 2-59 和图 2-60 所示。

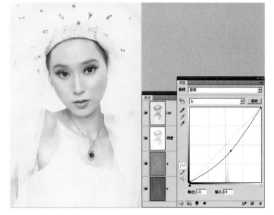

图 2-59　b 通道调亮（增加黄色）　　　　　图 2-60　b 通道调暗（增加蓝色）

4．S 形的调整及其效果。

把 a、b 通道调为 S 形的效果。图 2-61a 为原片，图 2-61b 为调整后的效果。

　　　　a）原片　　　　　　　　　　　　b）效果图

图　2-61

把 a 通道调为 S 形，增强了洋红和绿色的饱和度（调整之后效果如图 2-62 所示）；如果往相反的方向调整则降低这两色的饱和度（调整之后效果如图 2-63 所示）。

图 2-62　S 形（a 通道）　　　　　　　图 2-63　相反方向（a 通道）

把 b 通道调为 S 形，增强黄色和蓝色的饱和度（调整之后效果如图 2-64 所示）；如果往相反的方向调整则降低这两色的饱和度（调整之后效果如图 2-65 所示）。

图 2-64　S 形（b 通道）　　　　　　　图 2-65　相反方向（b 通道）

2.4.2　季节变换

● 任务分析

以图 2-2 为例，表 2-12 列出了 2.4.2 的阶段任务单。

表 2-12　阶段任务单

图　　号	后期处理风格	后期处理要求	备　　注
图 2-2	季节变换（把夏季调为秋季）	（1）把画面的绿色背景调为秋天的黄色调 （2）使人物色彩符合自然 （3）调整暗部为偏蓝色	用 Lab 模式调季节，对人物色彩关系影响较小，便于进行整体调整

图　2-66　　　　　　　　　　　图　2-67

拍摄参数　快门　1/400，光圈　6.3，ISO 100（图 2-66）；快门　1/125，光圈　13，ISO 100（图 2-67）。

如图 2-66 与图 2-67 所示，组图 2-2 是一组以绿树为背景的图片，光线穿透或绿或黄的叶子而使它们显得晶莹剔透。这种色调在春天或夏天看到的会多些，但是要把这组黄绿色具浓浓夏意的图片调成秋天的色调，适合用 Lab 模式调季节，这样人物受的影响较少，便于去做整体调整。

● 　任务提示

（1）这组图片已完成了基本修饰，画面的构图、影调、人物轮廓外形和面部细节都调整得很好，只需要调整色彩。

（2）用 Lab 模式改变画面色彩可以分成两个步骤来完成。

1）选择"图像-模式-Lab 颜色"，在弹出的对话框当中选择"不拼合"，把图片由 RGB 颜色转换为 Lab 颜色。单击"图层"面板底部的　　按钮，在菜单中选择"曲线"命令。

2）先把 a 通道的曲线调为 U 字形，这时图片已带有秋天的色彩了，但色彩关系不是很精确，需要继续微调（见图 2-68）。

图　2-68

（3）计算暗部并调整暗面为偏蓝色。

● 处理效果分析

图　名	图　片	文　字　说　明
原片		执行"视图—色域警告"操作之后，查看画面效果如下所示
效果一		秋季树叶的颜色一般为黄色和橙黄色，紫红色也会有些。此幅图片颜色过暖，查看色域警告，由下面图片看出溢出颜色较多，色彩没有效果一那样鲜艳
效果二		（1）整幅图片颜色过黄，没有找到真实秋天的黄色 （2）人物皮肤和头发的黄色过多

（续）

图　名	图　片	文　字　说　明
效果三	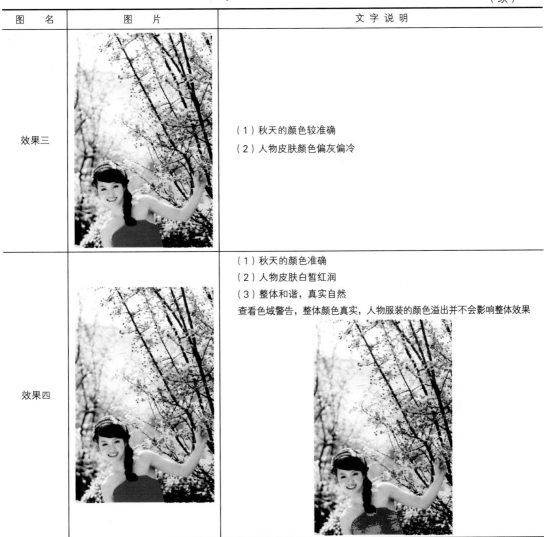	（1）秋天的颜色较准确 （2）人物皮肤颜色偏灰偏冷
效果四		（1）秋天的颜色准确 （2）人物皮肤白皙红润 （3）整体和谐，真实自然 查看色域警告，整体颜色真实，人物服装的颜色溢出并不会影响整体效果

2.4.3　进阶练习

● 任务分析

以系列图片为例，表 2-13 列出了 2.4.3 的阶段任务单。

表 2-13　阶段任务单

图　名	后期处理风格	后期处理要求	备　注
图 2-3 图 2-4 图 2-5 图 2-6	首先读图，按图片的画面效果设想图片的风格并调色处理，每组图片风格须统一	（1）调整画面构图问题和去除杂点 （2）依情况调整人物脸型和身材 （3）调整影调和色彩问题 （4）调色	在处理过程中，可以有多种方法

【进阶任务 1】

从图 2-3 中挑出一张图片处理（见图 2-69）。夕阳西下，暖黄色的阳光照射在绿色场景上，草地上的黄绿色块与浓郁的绿色交相辉应，俨然一幅油画。把图片处理成油画效果，油画的色调一般较厚重，其中黄色调具有代表性。

图 2-69

● 任务提示

（1）去除人物脸部痘痘、斑点和画面的其他杂点，调整人物脸型和身材（见图 2-70）。

（2）用"色彩平衡"和"曲线"工具调整画面的色彩关系和影调，调出油画效果（见图 2-71）。

图 2-70

图 2-71

（3）从整体上欣赏图片，把天空裁剪掉，使画面更饱满、生动。从构图上来说，如果背景有些许露天空的部位，可以用图章将它盖印成一个整体的块面（见图 2-72）。

图 2-72

【进阶任务2】

从组图 2-4 中挑出一张图片处理（见图 2-73）。此幅图片是逆光光效，人物在温暖的阳光下幸福地陶醉着。可以尝试把它处理成黑白色调再带点暖黄色的效果，从而使整个画面具有年代感。

图 2-73

● **任务提示**

（1）去除人物脸部痘痘、斑点和画面环境的其他杂点，调整人物脸型和身材（见图 2-74）。

（2）由于画面偏灰，故用"曲线"工具调整画面的明暗（见图 2-75）。

（3）选择"图层"面板底部 ◑ 的"黑白"命令，将不透明度设置为 83%（见图 2-76）。

图 2-74   图 2-75   图 2-76

（4）用"曲线"工具改变画面的色调，将其调整成黑白效果偏点温暖的色调（见图 2-77）。

（5）压暗画面的边角。按【Ctrl】+【Shift】+【Alt】+【E】盖印图层，先选择"滤镜–转换为智能滤镜"把图层转换为智能滤镜，再选择"滤镜–扭曲–镜头校正"改变晕影的数值从而实现压暗边角（见图 2-78）。

（6）调整刚才压暗的边角的效果，把有些边角擦淡点，使影调显得更真实自然（见图 2-79）。

图 2-77

图 2-78

图 2-79

【进阶任务 3】

从组图 2-5 中挑出一张图片处理。如图 2-80 所示，画面有海、树和天空，按海景婚纱摄影处理的方法有好几种选择，在这里把画面处理成蓝紫色调的唯美效果，采取手工上色的方法给画面上色。

图 2-80

● 任务提示

（1）去除人物脸部痘痘、斑点和画面环境的其他杂点，调整人物脸型和身材（见图 2-81）。

（2）画面的天空色彩过白，这里用图 2-82 与婚纱摄影图片图 2-81 进行合成。运用"蒙板"和"渐变"工具的关系，用"画笔"工具 擦出画面，使之与人物场景融合（见图 2-83）。

（3）创建新图层，"混合模式"选择"颜

图 2-81

色"，用"画笔"工具上色。按照画面的创意效果这里选择玫红色，改变画笔的不透明度和流量在照片上面上色（见图 2-84）。

（4）以相同的方法，再创建一个新图层，在画面当中增加橙色（见图 2-85）。

图　2-82

图　2-83

图　2-84

图　2-85

思考：试对比分析步骤（3）和（4）的画面效果，二者各有什么意境，哪种效果更好？

【进阶任务 4】

从组图 2-6 当中挑出一张图片处理。如图 2-86 所示，此幅图片以绿色树木为背景，可以调出一种暗部偏蓝、洋红，亮面偏暖偏黄的温馨画面。

● 任务提示

（1）去除人物面部痘痘、斑点和画面环境的其他杂点，调整人物脸型和身材（见图 2-87）。

（2）用"色彩平衡"、"色相/饱和度"以及"曲线"工具调整画面的色调。使画面暗部偏蓝、偏洋红，树叶的亮面偏黄绿色（见图 2-88）。

图　2-86

图 2-87　　　　　　　　　　　图 2-88

（3）用"滤镜-渲染-镜头光晕"命令营造出炫目唯美的效果。在使用滤镜之前，先盖印图层，再选择"滤镜-转换为智能滤镜"，用画笔擦淡画面过亮的部位（见图 2-89）。

（4）从整体上来说，用"曲线"命令调亮画面（见图 2-90）。

图 2-89　　　　　　　　　　　图 2-90

试试对以上四组图片按个人对画面的理解进行调色。

任务作业

1. 熟练掌握四个案例所使用的调色方法，完成四个案例的调色。

2. 把组图 2-2 按组图 2-6 的调法调成暗部偏蓝或洋红，亮面偏黄的色调，按不同的画面自身特点增加光晕效果。

3. 从自己所拍的婚纱摄影中选择图片，按策划要求完成后期的调色。

4. 如图 2-91 与图 2-92 两张图片所示，个人的理解判断采取以上哪种方案处理它们之后效果会更好，并完成后期的修饰。

图　2-91

图　2-92

任务评价

根据表 2-14 对任务 4 进行综合评价，满分为 100 分。

表 2-14　任 务 评 价

评价内容	评价标准	评　价			单项得分
		个人（权重 0.2）	小组（权重 0.4）	教师（权重 0.4）	
职业素质（20 分）	（1）爱护电脑、正确操作电脑并及时整理资料 （2）按时完成学习或工作任务 （3）工作积极主动、勤学好问 （4）有吃苦耐劳、团队合作的精神				
专业能力（70 分）	（1）对老师提供的素材调色准确，细节也做得很好 （2）整体修饰完整 （3）能按主题需求选择适合的色调 （4）主题摄影的所有图片整体风格统一				
创新能力（10 分）	能按主题需求选择适合的色调且处理后效果令人满意				
综合得分					

任务5　项目评价

● **任务准备**

学生拷贝处理好的婚纱人像摄影图片，需要有图层。

● **任务实施**

（1）以组为单位，一名学生先说明拍摄的画面风格及对后期的要求，另一名学生对所处理的图片加以说明，每位同学控制在四分钟以内。

（2）评价老师和学生可对图片提问，如果个别学生有较好的处理方法，教师引导学生把使用的方法教给其他同学。

（3）根据表2-15中的处理方法、具体的处理步骤（基本修饰）及效果（色彩与影调及整体修饰）、学生的语言表达等评价标准打分，满分为100分。

表2-15　婚纱摄影图像处理评分

评价内容	评分标准	评　分			单项得分
		个人（权重0.2）	小组（权重0.4）	教师（权重0.4）	
处理方法（10分）	（1）按照策划或摄影师的要求处理图片 （2）按图片的处理步骤有序地处理图片				
基本修饰（30分）	（1）痘、斑、乱发、背景杂乱等瑕疵去除得自然 （2）破坏画面的暗影处理得自然 （3）脸型和身材符合人物和审美的要求 （4）对图片的构图和明显的偏色问题调整正确				
色彩与影调（30分）	（1）色调与画面主题吻合 （2）影调符合摄影审美的要求				
整体修饰（20分）	（1）在完成基本修饰和调色后，对画面整体调整，因处理过程的破坏或忽视的环节，通过整体修饰完善画面效果 （2）皮肤处理得自然，符合人像皮肤的特点、细腻且有质感 （3）对五官尤其是眼睛进行了锐化				
语言表达（10分）	（1）表达清晰到位 （2）内容简洁 （3）在规定的时间内完成				
总分					

项目 3　时尚人像图像的处理

　　时尚人像广泛应用于时尚杂志和各类广告摄影中，用以展现服装饰品、护肤品、电子产品等。其后期处理对于不同的画面构图特点来说，特写一般注重人物五官、皮肤和头发的精修及画面的色调处理；半身像和全身像除了需要面部精修外，人物的身材比例及整体色调的调整也很重要。时尚人像要根据画面主题内容和客户的需求调整画面，基本修饰在任何风格的图像处理当中都不可缺少。

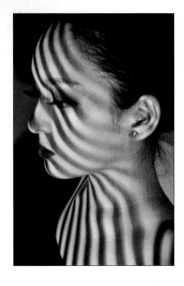

学习目标

◇ 了解时尚人像图像的流行方向及代表的风格

◇ 了解时尚敏感度对时尚人像图像处理的重要性

◇ 理解精修时尚人像图像的面部、五官、头发和塑形技巧

◇ 理解时尚人像图像处理的技巧

◇ 理解时尚人像图像流行的色调

项目内容

◇ 写时尚人像图像后期处理流行风格的调查报告书

◇ 熟练运用相关工具对时尚人像图像进行基本修饰

◇ 精修时尚人像图像的面部、五官和头发

◇ 根据时尚人像图像的主题及创意要求，对图片整体调色和修饰

◇ 按主题内容调整画面色彩

本项目将依据表 3-1 的项目要求展开时尚人像处理的任务。

表 3-1　项 目 要 求

项 目 名 称	时尚人像图像的处理
项 目 要 求	（1）初步练习时用教师提供的项目图片做修饰，课后练习用自己所拍摄好的时尚人像摄影图片做修饰，从而加强知识点的运用 （2）按后期处理要求完成后期修饰 （3）符合市场审美需求 （4）解决实际问题
规 格 要 求	（1）用 TIF 或 JPG 的最大格式处理图片 （2）将图片保存为 PSD 格式，保留好图层
备　　注	在 4 个课时内完成对一张图片的处理

项目素材

1. 需要处理的图片　以下是为××杂志社拍摄的时尚风格图片（见图 3-1、图 3-2）和为××服装公司所拍摄的广告宣传图片（见图 3-3）。

图 3-1　杂志类时尚人像（皮肤较好）

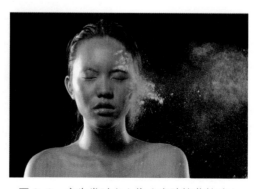

图 3-2　广告类时尚人像（皮肤较黄较暗）

1　　　　　2　　　　　3　　　　　4　　　　　5　　　　　6

图 3-3　广告类时尚人像

2. 任务单　表 3-2 是时尚人像图像处理的任务单。

表 3-2　任　务　单

图　名	后期处理风格	后期处理要求	备　注
图 3-1	自然色调	（1）基本修饰，修饰人物面部的痘痘和斑点，并减淡眼睛、鼻子、嘴唇和皮肤等处的暗影 （2）精修人物五官，给人物画蓝色眼影，突出眼睛 （3）修饰皮肤	应用于杂志封面，精修人物五官，保持原有特点，突出画面美感
图 3-2	自然色调	（1）调整构图 （2）调整人物肤色 （3）调整影调与色彩 （4）调整人物脸型和身材 （5）精修五官	图片最大的问题是皮肤偏黄偏暗
图 3-3	复古风格	（1）人物显胖，要把人物脸型与身体比例调整好 （2）保持妆面干净，调整时要注意唇色 （3）调整色调 （4）统一六张图片的风格	按主题的要求，图片暗部应偏蓝，亮面偏黄，形成时尚的昔日复古风

任务 1　时尚人像图像处理

流行报告书的撰写

● 任务准备

（1）相机（用于拍摄各大商场的时尚人像图片）。

（2）电脑（网上搜集资料）。

（3）整理好的图片资料。

（4）相关时尚人像的理论知识。

● 任务实施

1. 时尚人像图片资料的收集

（1）商场里的广告。

（2）报纸杂志（《VOGUE》、《ELLE》、《视觉》等）。

（3）网站。

2. 流行方向记录　按表 3-3 流行方向记录表的提示做一个 PPT。

表 3-3　流行方向记录

类　别	模特风格	造型特点	品牌概念	拍摄手法	后期调图	代表图片
杂志类：时尚人像						
广告类：时尚人像						

3．撰写报告书　按表 3-4、表 3-5 的提示做一个 PPT。

（1）报告书说明　图片搜集的方式和心得体会，略加说明。

（2）时尚人像后期处理的流行方向　按不同风格分类对比并说明。

（3）摄影后期多样化风格的展示与说明　同一品牌的不同时期的宣传图片风格有变化也有统一，试分析他们这样做的原因。

（4）图片出处　记录图片是来源于网络的某一平台、商场、公交车，还是参考书等。

（5）后期与前期的联系　分析图片后期处理与前期的关系，应怎样做好前期，如何控制好后期。

（6）时尚人像后期的侧重点　分析时尚人像后期应做的修饰。

（7）联系学习　时尚人像后期处理图片的收集与分析对学习有何帮助？请与现在的学习状况结合起来说明。

（8）自己拍摄过的时尚人像处理方向的确定　找出以前拍摄的时尚人像图片，回顾当时策划要求的前期和后期应达到的效果，说明现在应该怎样实施以满足策划主题，后期效果应说明清楚。

撰写时可以按五个部分来详细叙述。

第一部分：报告书的说明。

第二部分：参考表 3-4 的形式说明不同风格时尚人像摄影的后期处理特点。

表 3-4　后期处理分析报告书 1

风　　格	代 表 图 片	图片风格说明	后期与前期的联系，后期的侧重点	图 片 出 处
风格 1 （也可按图片风格命名）				
风格 2				
风格 3				
……				

第三部分：参考表 3-5 的形式说明同一品牌摄影后期的风格多样化。

表 3-5　后期处理分析报告书 2

（品牌）名称	代 表 图 片	图片风格说明	后期与前期的联系，后期的侧重点	个 人 看 法
多样化 1 （也可按图片风格命名）				
多样化 2				
多样化 3				
……				

（备注：如果调查了多个后期风格不同的品牌，可多做几个表格，每个品牌用一个表格说明。）

第四部分：叙述项目实践与学习的联系。

第五部分：自己拍摄的时尚人像处理方向的确定。

任务评价

根据表 3-6 对任务 1 进行综合评价，满分为 100 分。

表 3-6 任 务 评 价

评价内容	评价标准	评　价			单项得分
		个人 （权重 0.2）	小组 （权重 0.4）	教师 （权重 0.4）	
职业素质 （20分）	（1）爱护电脑、正确操作电脑并及时整理资料 （2）按时完成学习或工作任务 （3）工作积极主动、勤学好问 （4）有吃苦耐劳、团队合作的精神				
专业能力 （70分）	（1）报告书清晰明了，简洁扼要，内容完整 （2）对图片的理解到位，分类明确 （3）收集的时尚人像风格多种，图片代表行业水平				
创新能力 （10分）	与个人学习联系紧密，善于学习新知识，时尚人像后期处理的策划明确				
综合得分					

任务 2 时尚人像图像的精修

3.2.1 杂志类时尚人像图像（皮肤较好）的精修

● **任务准备**

（1）准备好拍摄好的系列图片（TIF 格式）。

（2）准备好用于修饰的时尚人像图片。

（3）了解眼睛、鼻子、嘴的结构特点与审美标准。

● **任务分析**

以图 3-1 为例，表 3-7 列出了 3.2.1 的阶段任务单。

表 3-7 阶段任务单

图　名	后期处理风格	后期处理要求	备　注
图 3-1	自然色调	（1）基本修饰，修饰人物面部的痘痘和其他斑点，并减淡眼睛、鼻子、嘴唇和皮肤等暗影 （2）精修人物五官，给人物画蓝色眼影，突出眼睛 （3）皮肤修饰	应用于杂志封面，精修人物五官，保持原有特点，突出画面美感

● **拍摄说明**

拍摄参数 快门 1/125，光圈 11，ISO 100。

（1）模特五官立体，有点混血的感觉。所拍摄的图片中人物状态较好，但是眼妆花了，没有足够突出人物的眼睛。后期处理重点是用蓝色给眼睛上妆，用少许橙色增强眼睛的立体感，从而突出眼睛并且增强画面时尚感。

（2）在处理图片时一定要注意突出人物的眼睛，弱化唇色和腮红。

（3）拍摄时用了三盏灯拍摄，主光稍硬，光位较高，辅光与主光的光比控制在 1.5 挡左右，背景灯打在人物后面，形成背景光渐变效果（光位图见图 3-5）。

图 3-4

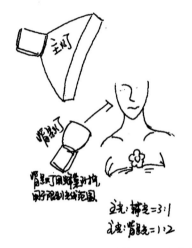

图 3-5 光位图

● 任务提示

（1）如果图片存在构图问题，按时尚摄影构图的审美要求先调整构图的问题。

（2）人物皮肤的痘痘、脸上的其他斑点等瑕疵需要去除，皮肤质感需要调整。

（3）面部眼睛的暗影、法令纹和嘴角较暗，需要根据情况进行调整。

（4）五官需要精修，针对比如脸型的大小、眼睛的对称关系、眼影的效果和嘴唇等方面
进行精修。

分解步骤如图 3-6 所示。

01. 用"修复画笔"和"图章"工具
去除斑点、痘痘、乱发等

07 用 "曲线"命
令调亮人物肤色

05 在拾色器调出
腮红的颜色，用
"画笔"工具改变不
透明度画腮红

04 用"套索"工具
沿嘴唇外边缘选择
嘴唇，用"色相/饱
和度"把嘴唇调为
裸色

03 用"多边形套索"工
具勾勒眼影区域，为
人物加上蓝色眼影

02 用"图章"工具减淡
黑眼圈、法令纹、嘴角
和皮肤不均匀的暗部

06 用 "滤镜Portraiture"
修饰皮肤

图 3-6 步骤分解图

● 任务实施

1. 软件学习重点

序　　号	重　点　知　识
（1）	精修人物五官的要点
（2）	眼影和腮红的画法
（3）	杂志类时尚人像处理的要点
（4）	"混合模式"的应用

2. 任务实施步骤

第1部分　基本修饰
　　　　　　　修复瑕疵
第2部分　五官精修
（1）画眼影
（2）嘴唇的修饰
（3）画腮红
（4）皮肤修饰
第3部分　整体调整

3. 基本修饰的操作步骤

阅读任务1的后期处理要求，结合图片特点，填写表3-8。

表3-8　后期处理说明

类　　别	需要修饰的内容说明	备　　注
构图上		
修复瑕疵		
脸型和身材调整		
影调和偏色的调整		

（1）修复瑕疵

1）打开图3-1，将背景图层解锁并重命名为"原片"，其他两个图层也重命名。将它们重新命名便于多个图层内容的识别和管理（见图3-7）。

图　3-7

2）新建一个图层，重命名为"去痘、杂点、杂发等"（见图 3-8）。

图　3-8

3）用"修复画笔"工具 和"图章"工具 对有杂点的皮肤进行如图 3-9 和图 3-10 的修饰。图 3-10 为修饰好的效果。

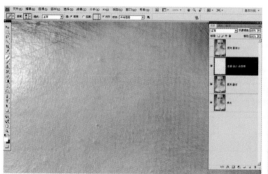
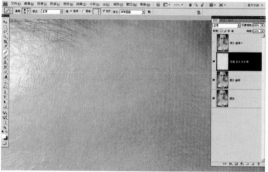

图　3-9　　　　　　　　　　　图　3-10

4）完成整幅图片杂点和乱发的修饰（见图 3-11）。

图　3-11

5）新建一个图层，重命名为"减淡黑眼圈、部分暗影等"（见图 3-12）。

图　3-12

6）用"图章"工具 图 降低不透明度和流量至 45％ 左右，涂抹面部过暗的部位。减淡黑眼圈的效果对比如图 3-13 和图 3-14 所示。

图　3-13

图　3-14

7）法令纹、嘴角和皮肤不均匀的暗部等需要减淡的部位，也采用上述的方法处理（见图 3-15）。

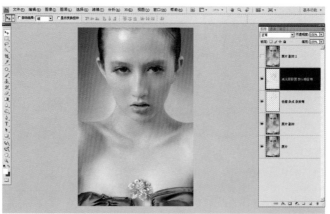

图　3-15

8）精修图片涉及的图层较多，为便于管理它们新建一个组，并重命名为"基本修饰"，把修饰的两个图层拉到组里（见图 3-16）。

图　3-16

（2）针对所处理的效果，填写表 3-9。

表 3-9　过 程 检 查

类　　别	找出所有的相关局部	所修饰的效果是否真实自然	相关工具操作是否熟练
痘痘、斑点等瑕疵			
乱发			
黑眼圈			
嘴角、法令纹			
其他暗影			

4. 五官精修

五官精修的过程中，要深入了解人物五官结构变化的特点，以及五官之间的联系和脸型、肌肉的走向，不能为了调整局部效果而破坏整体画面，也不能为了满足整体画面而忽视局部。

　　眼睛是由眼眶、眼睑和眼球三个部分组成，标准的眼形上眼皮的最高点大约在眼睛宽度的 1/3 处，下眼皮最低点大约在眼睛宽度的 2/3 处（见图 3-17、图 3-18）。

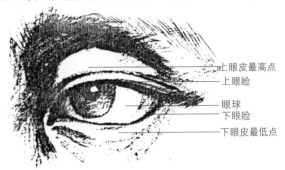

上眼皮最高点
上眼睑
眼球
下眼睑
下眼皮最低点

图 3-17　眼睛结构图

图 3-18　眼睛透视变化图

（1）画眼影

　　画眼影与化妆联系紧密，读者最好掌握不同眼睛眼影的画法和其与整个妆面眼影的搭配关系，如果不具备化妆基础知识，可根据妆面创意查阅相关的图片资料，以确定要画的眼影色彩和形状，在速写本上画效果图。

　　1）先画人物右眼，新建图层重命名为"右眼上色"，用"多边形套索"工具选择要画的眼影范围（见图 3-19）。

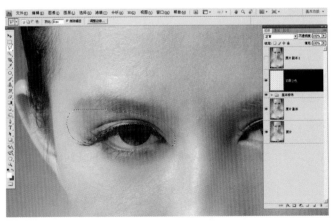

图　3-19

　　2）按下【Shift】+【F6】键打开"羽化选区"的对话框，设置羽化半径值为 20 像素羽化选区，使选区边缘柔和自然（见图 3-20）。

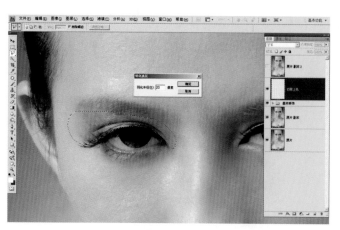

图 3-20

3）单击"右眼上色"图层，设置"混合模式"为"颜色"，设置不透明度为70%，在颜色面板上选择蓝色 RGB 值为 R 为 0，G 为 0，B 为 255。所选的蓝色应与模特的服装蓝色呼应，按【Alt】+【Delete】键填充蓝色，按【Ctrl】+【D】键取消选择（见图3-21）。

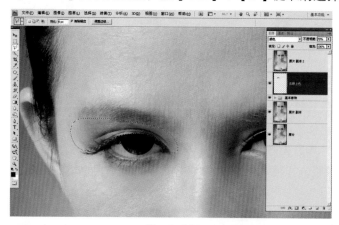

图 3-21

4）整体效果如图 3-22 所示，眼影边缘太实，渐变不自然。

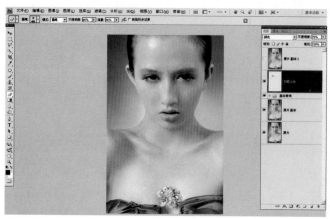

图 3-22

5）用"橡皮擦"工具 ![icon] 降低流量和不透明度，在蓝色眼影边缘涂抹，使边缘慢慢柔和，渐变过渡自然（见图 3-23）。

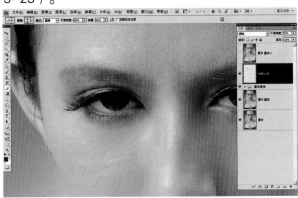

图　3-23

6）用"画笔"工具 ![icon] 设置不透明度为 30%，画下眼影（见图 3-24）。

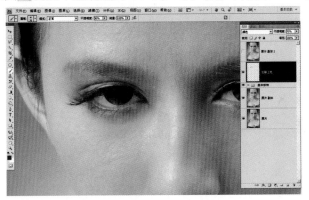

图　3-24

7）下眼尾与上眼尾色彩要衔接，慢慢地淡化至眼角，改变画笔不透明度和流量，控制下眼影由浓到淡的层次效果（见图 3-25）。

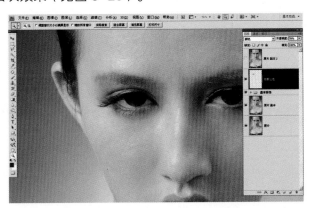

图　3-25

8）选择色板面板上的 RGB 橙色，用画下眼影的方法画下眼角（见图 3-26）。

9）用画人物右眼的方法画左眼影（见图 3-27）。

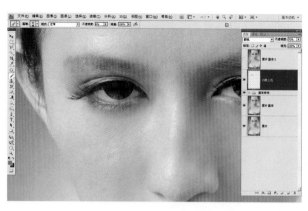

图 3-26

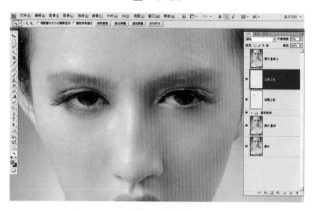

图 3-27

问：如何获得自然的眼妆效果？

答：1. 要先判断眼影渐变是否自然。在处理时，调整画笔的不透明度和流量，或是调整图层的不透明度，直至达到自然的眼妆效果。

2. 按眼睛的明暗效果调整不透明度。

3. 放大图片以便修饰细节。

10）检查眼睛还存在的其他问题。左眼的眼角处有白块面（见图 3-28），用"加深"工具 将曝光度设置为 28% 左右加深。

11）加深后的效果如图 3-29 所示。

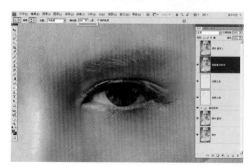

图 3-28

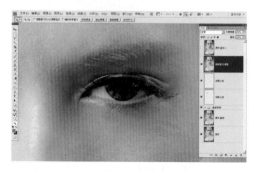

图 3-29

12）用"图章"工具修饰眼白部位的杂点、血丝等。前后效果的对比如图3-30、图3-31所示。

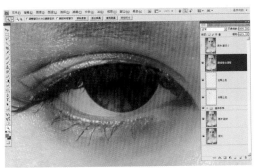

图　3-30

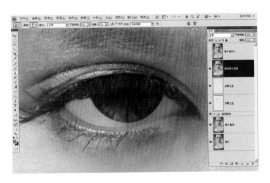

图　3-31

13）用"多边形套索"工具选好眼白区域，按【Ctrl】+【L】键打开色阶对话框，把左右两个小三角移到有曲线变化的位置，调亮眼白，于是增强眼珠的明暗反差（见图3-32）。

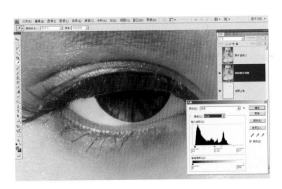

图　3-32

14）用处理眼白杂点和调亮眼白的方法去处理另一只眼睛（见图3-33）。

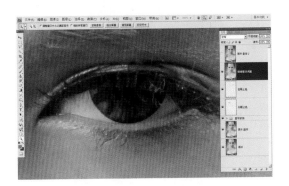

图　3-33

15）眼睛精修效果对比（见图3-34）。

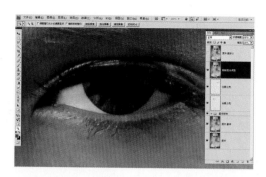

图 3-34

16）用该前景色提亮右眼橙色眼影的亮度，以便两只眼睛效果统一（见图3-35）。

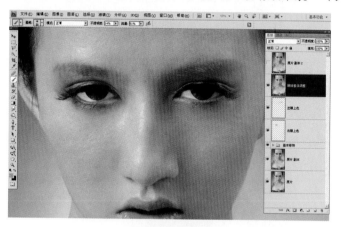

图 3-35

（2）嘴唇的修饰

嘴依附在下颌齿槽的半圆柱体上，其主要结构有人中、唇珠、嘴角、下唇、下唇凹（见图3-36、图3-37）。

———— 人中

———— 唇珠

———— 嘴角
———— 下唇

———— 下唇凹

图 3-36　嘴唇结构

图 3-37　嘴唇透视图

1）用"多边形套索"工具[图标]沿嘴唇外边缘选择嘴唇（见图 3-38）。

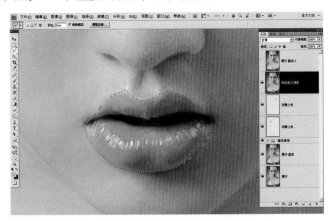

图 3-38

2）按【Ctrl】+【J】复制该选区，重命名为"修嘴唇"（见图 3-39）。

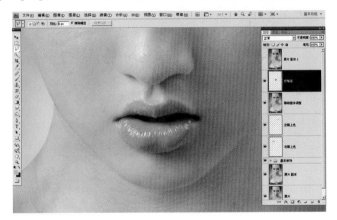

图 3-39

3）点修嘴唇图层[图标]同时按住【Ctrl】键，选中选区，再按【Ctrl】+【F6】进行羽化，羽化值为 20（见图 3-40）。

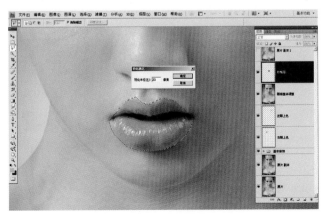

图 3-40

4）按【Ctrl】+【U】键打开"色相/饱和度"的对话框，把嘴唇调为裸色，更突出眼睛的效果（见图 3-41）。

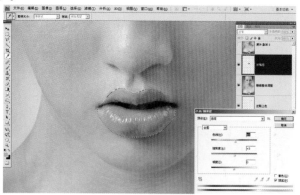

图　3-41

5）用"图章"工具精修饰嘴唇的暗块，使嘴唇色块均匀，层次变化自然（见图 3-42）。

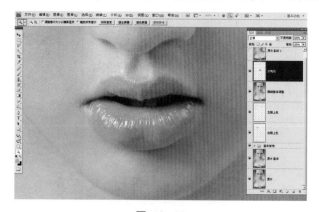

图　3-42

（3）画腮红

腮红起修饰脸型、调整肤质和弱化岁月痕迹的作用，下面介绍具体操作步骤。

1）新建一个图层，重命名为"腮红"。用"快速选区"工具把背景选出来，防止在画腮红时画到背景（见图 3-43）。

图　3-43

2）按【Ctrl】+【Shift】+【I】反相，单击前景色，在拾色器里调出腮红的颜色，设定 RGB 值 R 为 250，G 为 163，B 为 185（见图 3-44）。

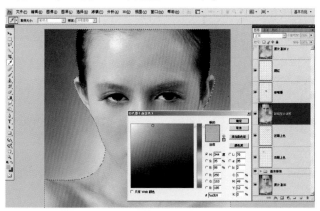

图　3-44

3）在"腮红"图层选混合模式为"颜色"，改变不透明度为 60%。使用"画笔"工具 ✐ 通过改变其不透明度来画腮红（见图 3-45）。

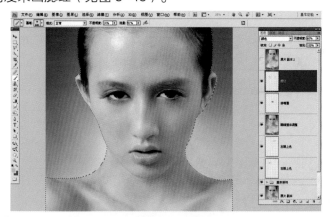

图　3-45

4）新建一个组，重命名为"五官精修"，把相关的图层拉进来（见图 3-46）。

图　3-46

（4）皮肤修饰

对皮肤修饰的要求通常是肤质细腻能看得见毛孔，光滑得像陶瓷并且要具有皮肤的质感。

如图 3-47～图 3-49 所示，分析各图的处理效果，图 3-47 为原片，图 3-48 和图 3-49 分别为处理之后的效果。

图　3-47　　　　　　　　图　3-48　　　　　　　　图　3-49

1）新建一个图层并重命名为"皮肤修饰"。选择"滤镜 – Imagenomic – Portraiture"打开对话框，设置锐化值为 20，柔化值为 5，阈值为 5（见图 3-50）。

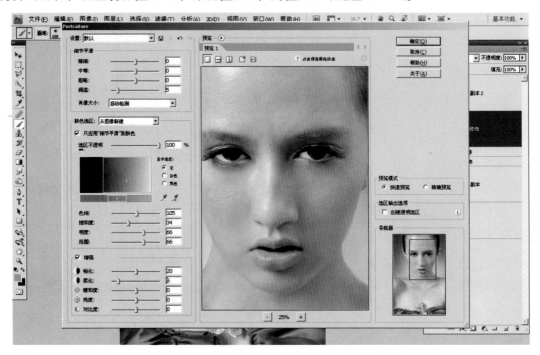

图　3-50

2）在"皮肤修饰"图层新建一个蒙板，用"画笔"工具 擦出五官、头发和服装（见图 3-51）。

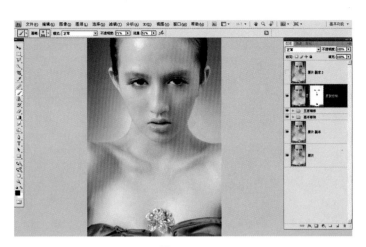

图　3-51

（5）针对所处理的效果，填写表 3-10。

表 3-10　过 程 检 查

类　别	是否符合人物气质和审美的标准	所修饰的效果是否自然真实	相关工具操作是否熟练
眼影的修饰			
嘴唇的修饰			
腮红的修饰			
皮肤的修饰			

5．整体调整

经过前面步骤的操作之后，图片还存在一定的问题。第一，人物皮肤过黄的问题明显；第二，上胸前影调过亮；第三，还应更突出人物五官；第四，脖子处的脂肪粒过于明显。

1）单击图层面板底部的 按钮，选择"曲线"命令，调亮人物（见图 3-52）。

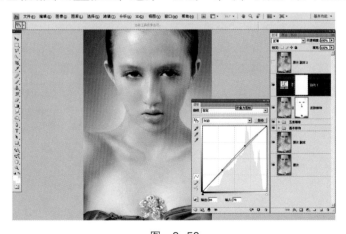

图　3-52

2）胸前过亮，在曲线 1 蒙板用"画笔"工具 ✐ 擦出过亮的部位（见图 3-53）。

图　3-53

3）按【Ctrl】+【Shift】+【Alt】+【E】键盖印图层，重命名为"锐化"，打开"滤镜
–锐化–USM 锐化"的对话框，设置数量为 82%，半径为 2.7 像素，阈值为 2 色阶（见
图 3-54）。

图　3-54

4）在锐化图层新建一个蒙板，用"画笔"工具 擦出除五官和衣服以外的部位（见图 3-55）。

图　3-55

5）按【Ctrl】+【Shift】+【Alt】+【E】键盖印图层，重命名为"提高光"，用"减淡"工具 把眉骨和鼻子高光处提亮（见图3-56）。

图　3-56

6）脖子处的脂肪粒过明显，按【Q】进入快速蒙板，按【B】进行涂抹，涂抹好后按【Q】退出蒙板，按【Ctrl】+【Shift】+【I】反选，这时所选区域为需要调整的部位（见图3-57）。

图　3-57

7）选择"滤镜–Imagenomic–Portraiture"用柔化滤镜柔和相应部位（见图3-58）。

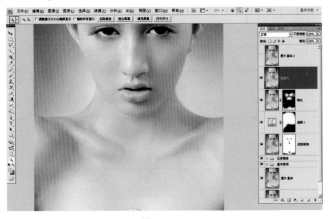

图　3-58

8）最后效果如图 3-59 所示。

图　3-59

9）效果对比如图 3-60 所示。

a）原片　　　　　　　　　　　　　　b）效果图

图　3-60

针对所处理的效果，填写表 3-11。

表 3-11　过程检查

类　　别	是否从整体上完善和突出	所修饰的效果是否真实自然	相关工具操作是否熟练
皮肤色的修饰			
影调的调整			
五官的突显			
其他破坏整体效果的局部的修饰			

知识拓展

　　混合模式是 Photoshop 重要的功能之一。"混合"通过使一个像素和其对应像素发生相互作用，导致像素值发生变化，进而让画面呈现不同的颜色外观。这种方法多用于图像合成、制作

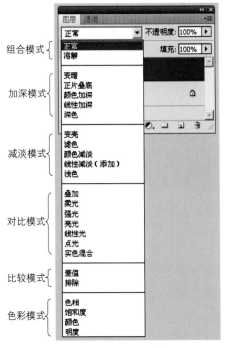

选区和特殊效果，既帮助操作者完成复杂的操作，又对原图没有实质的破坏，方便了效果的制作。

在使用 Photoshop 时，常会用到混合模式。根据使用场合的不同，大致把混合模式分成"颜色混合"、"通道混合"、"图层混合"三种模式。这里介绍运用图层的混合制造特殊效果的方法（见图 3-61）。

以图 3-62 和图 3-63 两张图片为素材，借此学习混合模式的特点及其效果。水的素材作为当前图层，人物作为底层图片，用水的素材做混合模式的变化。

图 3-61　　　　　图 3-62　　　　　图 3-63

1. 组合模式

组合模式中的"溶解"使图片质感略有变化，"正常"则使其保持图片的原样，这两种选项配合图层的"不透明度"的调整才能看到下面的图像，如图 3-64 所示。

2. 加深模式

加深模式使图片变暗。如果上层图片是白底或接近于白底，则这个处理有去底的效果。在混合过程中，当前图层的浅色将被底层较暗的像素替代，如图 3-65 所示。

图 3-64

图 3-65

3. 减淡模式

减淡模式与上面所说的加深模式相反，它能使上层图片变亮，如图 3-66 所示。如果上层图片是黑底（见图 3-67）或接近于黑底，则这个处理会有去底的效果。在混合过程中，当前图层的浅色将替代底层较暗的像素，如图 3-68 所示。

图 3-66

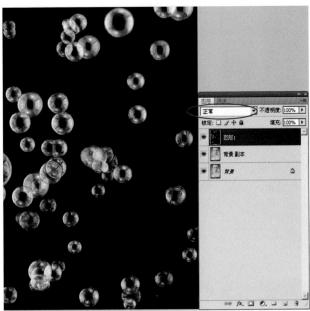

图　3-67

图　3-68

4. 对比模式

对比模式用于增强图片的反差。在混合时，50％的灰色完全消失。亮度值高于50％灰色的像素都可能加亮底层的图像，亮度值低于50％灰色的像素则可能使底层图像变暗，如图3-69所示。

图　3-69

5. 比较模式

针对当前图像和底层图像，将相同的区域显示为黑色，将不同的区域显示为灰色层次或彩色。如果当前图层中包含白色或黑色，则白色区域使底层图像反相，而黑色对底层图像不产生影响，如图 3-70 所示。

图　3-70

6. 色彩模式

软件把色彩分成色相、饱和度和亮度三种成分，再将其中的一种或两种应用在混合后的图像中，如图 3-71 所示。

图　3-71

　　观看下面每种混合效果图，结合不同的混合模式增强画面视觉的不同侧重，试试用哪种混合模式能实现如图 3-72～图 3-86 所示的后期效果。

　　操作提示：

　　（1）放大或缩小当前图像（素材图片）以便选择适合的色彩和线条与人物重叠。

　　（2）结合理论知识，按以下不同的效果先判断出一个大致的范围，再确定一种混合模式。

　　（3）如果实在不知道是哪种混合模式，请逐个尝试每种混合模式。

　　（4）注意总结不同混合模式的特点以及效果，以便今后更快速地选择适合的效果，进而提高工作效率。

图　3-72

图　3-73

图 3-74　效果一

图　3-75

图　3-76

图 3-77 效果二

图 3-78

图 3-79

图 3-80 效果三

图 3-81

图 3-82

图 3-83 效果四

图 3-84

图 3-85

图 3-86　效果五

把判断出来的结果填写至表 3-12 中。

表 3-12　填写混合模式

后 期 效 果	混 合 模 式	备　　注
效果一		
效果二		
效果三		
效果四		
效果五		

3.2.2　广告类时尚人像图像（皮肤较黄较暗）的精修

● **任务准备**

（1）准备拍摄好的系列图片（TIF 格式）。

（2）准备好用于修饰的时尚人像图片。

（3）复习色彩理论和通道、曲线以及可选颜色的相关知识。

● **任务分析**

以图 3-2 为例，表 3-13 列出了 3.2.2 的阶段任务单。

表 3-13　阶段任务单

图　　号	后期处理风格	后期处理要求	备　　注
图 3-2	自然色调	（1）调整构图 （2）调整人物肤色 （3）调整影调与色彩 （4）调整人物脸型和身材 （5）精修五官	图片最大的问题是皮肤偏黄偏暗

● 拍摄说明

拍摄参数：快门　1/200，光圈　16，ISO　100。

（1）如图 3-87 所示，该模特五官较柔和，皮肤黄，妆面不够精致。瞬间的粉激在人物面部的左侧形成强烈的视觉效果，人物表情自然。这是一幅技术含量较高的富有美感的图片。后期调整建议侧重在人物皮肤色彩的调整和五官的精修方面。

（2）图片背景是黑色，如图 3-88 所示，拍摄时用了三盏灯拍摄，主光面积大，显得稍硬，采用前侧光的方式，在人物上方打光；另有两盏灯光打在人物的侧面，把人物的边缘打得过宽，灯光的角度应往里点，从而控制好光线在面部的宽度。

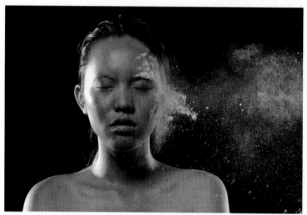

图　3-87

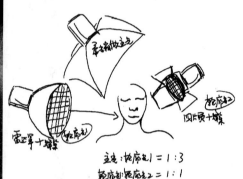

图 3-88　光位图

● 任务实施

1. 原片分析　分解步骤如图 3-89 所示。

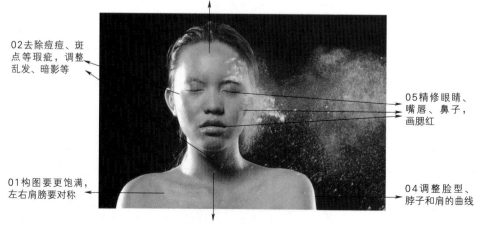

03利用曲线和可选颜色调影调和色彩关系

02去除痘痘、斑点等瑕疵，调整乱发、暗影等

05精修眼睛、嘴唇、鼻子，画腮红

01构图要更饱满，左右肩膀要对称

04调整脸型、脖子和肩的曲线

06完成前面五个步骤再根据情况整体修饰图片

图　3-89

2. 案例分析　详细分析内容如表 3-14 所示。

图 3-90　案例 a

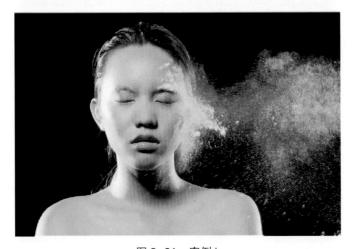

图 3-91　案例 b

表 3-14　案 例 分 析

类　别	内容分析（图 3-90）	内容分析（图 3-91）	改 善 措 施
构图上	构图饱满，视觉中心更突出	构图未调整	使肩膀左右对称
脸型调整	人物脸型较好，不用做太多的修饰	人物脸型较好，不用做太多的修饰	脸型可稍做修饰，脖子和肩的曲线再流畅些
皮肤的处理	皮肤过灰且没有质感	部分暗部太暗，如灰面与高光相接的部分	调为白皙自然的皮肤
五官修饰	不够精致，例如嘴唇妆较粗糙	不够精致，例如嘴唇妆较粗糙	精修五官
影调与色彩	较好	嘴唇调为红色与蓝色的光线对比，效果还不错	重点突出粉的状态，人物的眼睛是重点
整体调整	较好	乱杂的头发	从整体入手调整问题间的冲突和不足之处

3. 操作提示

（1）调整构图如图 3-92 所示（原片见图 3-87）。

（2）去除痘痘、斑点等瑕疵，调整乱发、暗影等（见图 3-93）。

图　3-92

图　3-93

（3）用曲线和可选颜色调影调和色彩关系（见图 3-94）。

图　3-94

（4）调整脸型、脖子和肩的曲线（见图3-95）。

图　3-95

（5）精修眼睛、嘴唇、鼻子并画腮红。嘴唇问题较多，需要修饰得多些（见图3-96）。修好的嘴唇效果参考如图3-97所示。

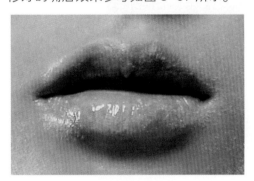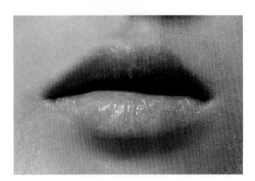

图　3-96　　　　　　　　　　　图　3-97

（6）对图片进行整体修饰，首先利用"锐化"工具突出五官（见图3-98）。

图　3-98

（7）减淡脖子、下巴等暗影（见图3-99）。

（8）再次调整色彩关系（见图3-100）。

图　3-99

图　3-100

● 细节欣赏

图　3-101

图　3-102

任务作业

1. 按项目所提供的素材处理要求修饰图片。

2. 挑选自己或小组所拍的时尚人像图片，按策划的要求完成后期修饰。

3. 把下面四张图片（见图 3-103～图 3-106）按时尚图片所需要的风格来处理。从基本修饰和影调修饰开始入手，接着精修人物五官，要突出人物眼影或唇色以增加画面的时尚感，最后再进行整体修饰。

图　3-103

图　3-104

图 3-105

图 3-106

任务评价

根据表 3-15 对任务 2 进行综合评价，满分为 100 分。

表 3-15　任务评价

评价类别	内容		评价标准	评价			单项得分
				个人 （权重 0.2）	小组 （权重 0.4）	教师 （权重 0.4）	
专业能力 （80 分）	基本修饰 （15 分）		（1）构图符合审美的标准 （2）去除痘痘、斑点等瑕疵 （3）塑造脸型和体形 （4）色彩、影调关系调整准确				
	五官精修 （40 分）	画眼影 （15 分）	（1）眼影的画法正确，左右对称 （2）眼影的颜色符合妆面效果并能突出眼睛 （3）眼影晕染真实自然				
		嘴唇的修饰 （10 分）	（1）嘴唇的形状符合人物特征和审美的标准 （2）嘴唇的颜色较淡，与肤色较接近				

（续）

评价类别	内　容		评价标准	评　价			单项得分
				个人（权重 0.2）	小组（权重 0.4）	教师（权重 0.4）	
专业能力（80 分）	五官精修（40 分）	画腮红（10 分）	（1）腮红色彩符合整体效果（2）腮红的大小明暗能修饰脸型（3）腮红润饰脸色				
		皮肤修饰（5 分）	（1）皮肤光滑有质感（2）真实自然				
	整体调整（10 分）		（1）从明暗、色彩、轮廓、形状等方面找出图片的问题（2）从整体出发修饰局部，所修饰过的局部符合整体效果				
	混合模式（15 分）		（1）上面表格的填写能基本准确（2）能很快速地确定是哪种混合模式				
社会能力（20 分）	团队合作（10 分）		（1）同组同学分工明确，有默契（2）积极与他人探讨并总结要点				
	专业精神（10 分）		（1）爱护电脑、正确操作电脑并及时整理资料（2）按时完成学习或工作任务（3）工作积极主动、勤学好问（4）有吃苦耐劳、团队合作的精神				
总　　分							

任务 3　时尚人像图像的调色

● 后期说明

在后期处理过程中，要注意画面效果的控制。比如要注意中国传统风格元素与时尚的结合，怀旧与时尚的对比，并要突出产品的特性。组图 3-3 这一系列的图片主要靠调色来渲染气氛，通过人物表达产品，所以应尽量还原产品色调，同时也要处理好环境、人物与产品的相互之间的色调关系，图片色调要衔接过渡得自然、层次丰富。在满足了这些方面基础上，可以有更多自己的想法。以图 3-3 为例，表 3-16 所示为任务 3 的任

务单。

表 3-16　任　务　单

图　　名	后期处理风格	后期处理要求	备　　注
图 3-3	复古风格	（1）人物显胖，脸型与身体比例要调整好 （2）保证妆面干净，注意唇色调整 （3）色调调整 （4）六张图片统一风格	按主题的要求图片暗部偏蓝，亮面偏黄，形成昔日的时尚复古风

● 拍摄说明

拍摄参数：快门　1/100，光圈　11，ISO　100。

（1）图 3-107 结合了时尚人物、历朝的建筑和民间风俗三种元素，通过怀旧与时尚的对比，更深刻地表达出画面内容。图片中人物偏胖、衣服松垮、皮肤较黄等问题需要基本修饰后再进行整体的调整。在调色上，要与主题结合调成淡淡的带有怀旧意味的图片，但是在与环境充分融合的基础上产品的颜色应尽量保留多点原色。

（2）此图片运用自然光线，选在下午五点左右拍摄，光线柔和，光比适合。在构图上，使人物上半身落在近似黑色的背景前，人物更加突出。

● 任务实施

1．原片分析（见图 3-107）

03调整画面色调关系

01用液化调整人物身材比例、衣服大小等问题

04抠出人物，单独针对人物调色

02运用自由变化调整人物身材比例的关系

图 3-107

2．调色

（1）软件学习重点

序　号	重 点 知 识
1）	时尚人像流行色调的调法
2）	抠出人物以及单独对人物调色的方法

（2）操作步骤提示

1）用液化调整人物身材比例、衣服大小等问题，再用自由变化调整人物身材比例的关系（见图3-108）。

图　3-108

2）调整画面色调关系。单击图层面板底部的 ⬤ 按钮，选择"通道混合器"打开对话框调黑白片。选择单色，设置红色70%，绿色35%，蓝色0。回到图层面板，把不透明度改为34%（见图3-109）。

图　3-109

3）单击图片面板底部的 按钮，选择"曲线"调整画面的颜色，让暗部偏蓝、洋红调、亮面偏黄（见图3-110）。

4）抠出人物，单独针对人物调色。用"快速选区"工具 对人物和包进行选区（见图3-111）。

图 3-110

图 3-111

5）按【Ctrl】+【J】把选区复制成为一个新的图层，并把它拉到调曲线1的图层上，再复制一个图层1（见图3-112）。

6）用"橡皮擦" 擦去包，按【Ctrl】键同时单击图层面板的"图层1副本"选中人物部分，接下来针对人物调色（见图3-113）。

7）先调人物的明暗关系，单击图片面板底部的 按钮，选择"曲线"在RGB通道把人物调亮。再调人物的色彩关系，单击图片面板底部的 按钮，选择"曲线"调蓝通道的黄色让人物偏黄调，再调绿通道的绿色。这样分两次调曲线的方法既便于看效果也方便随时修改。最后效果及效果对比如图 3-114 所示。

图　3-112

图　3-113

a）原片

b）效果图

图　3-114

任务作业

1. 按项目所提供的素材处理要求修饰图片。

2. 把图 3-115 和图 3-116 所示的两张图片按时尚图片所需的风格调色。参考图 3-117 和图 3-118 的效果，注意调色时要突出人物红色的嘴唇，从而弱化其他色彩。首先调整构图、去除杂点、调整模特身材比例和影调等问题，接着精修人物五官，再突出人物唇色以增加画面的时尚感，最后进行整体修饰。

以下两张图片是需要处理的原片（见图 3-115 和图 3-116）。

图 3-115

图 3-116

图 3-117 效果图一

图 3-118 效果图二

任务评价

根据表 3-17 对任务 3 进行综合评价，满分为 100 分。

表 3-17 任务评价

评价内容	评价标准	评价			单项得分
		个人 （权重 0.2）	小组 （权重 0.4）	教师 （权重 0.4）	
职业素质 （20 分）	（1）爱护电脑、正确操作电脑并及时整理资料 （2）按时完成学习或工作任务 （3）工作积极主动、勤学好问 （4）有吃苦耐劳、团队合作的精神				

（续）

评价内容	评价标准	评价			单项得分
		个人 （权重0.2）	小组 （权重0.4）	教师 （权重0.4）	
专业能力 （70分）	（1）对老师提供的素材调色准确，细节也处理得很好 （2）整体修饰完整 （3）能按主题需求选择适合的色调 （4）主题摄影的图片组中每张图片能和整体风格保持统一				
创新能力 （10分）	按主题需求选择适合的色调并有自己处理的方法				
综合得分					

任务 4 项目评价

● **任务准备**

学生拷贝处理好的时尚人像摄影图片，需要有各个图层。

● **任务实施**

1. 参与评分的对象：相关公司代表、教师与学生。由学生首先对所处理的图片加以说明，如果所处理的图片是按照拍摄策划要求或摄影师的要求处理的，可结合他们的要求详细说明。每位同学演讲时间控制在五分钟以内。

2. 老师和学生可针对图片提问，如果个别学生有更好的处理方法，可把使用的方法教给其他同学。

3. 依据表 3-18 中所列的处理方法、具体处理的步骤（基本修饰）及画面效果（五官精修、色彩与影调及整体修饰）、学生的语言表达等各项评价标准进行打分，满分为 100 分。

表 3-18 时尚人像处理评分

评价内容	评分标准	评分			单项得分
		小组 （权重0.2）	企业代表 （权重0.4）	教师 （权重0.4）	
处理方法 （10分）	（1）按照策划或摄影师的要求处理图片 （2）按处理图片的步骤有序地处理图片 （3）如果图层较多，有按类别分组				
基本修饰 （20分）	（1）构图符合审美的标准 （2）痘、斑等瑕疵去除得自然 （3）破坏画面的暗影处理得自然 （4）所修饰的脸型和身材比例关系符合审美的标准 （5）影调和偏色问题调整到位				
五官调整 （20分）	（1）眼睛对称，如果画了眼影，则要修饰得自然 （2）精修嘴唇，过渡自然，唇色与整体效果统一 （3）腮红色彩及深浅适合人物 （4）发型及乱发的处理符合审美的标准				

（续）

评价内容	评分标准	评　　分			单项得分
		小组 （权重0.2）	企业代表 （权重0.4）	教师 （权重0.4）	
色彩与影调 （20分）	（1）色调与画面主题吻合 （2）影调符合摄影审美的要求				
整体修饰 （20分）	（1）在完成以上三个步骤后，对画面进行了整体调整，通过整体修饰完善了处理过程中的破坏或被忽视的环节 （2）皮肤处理得自然，符合时尚人像人物皮肤的特点，处理得细腻而有质感 （3）对五官尤其是眼睛进行了锐化 （4）用高光突出人物五官关系				
语言表达 （10分）	（1）语言表达清晰到位 （2）内容简洁 （3）在规定的时间内完成讲述				
总　　分					

附录

Photoshop 人像图像处理快捷键汇总表

1. 工具箱

（如果遇到多种工具共用一个快捷键的情况可同时按下"【shift】"切换快捷键来选择）

裁剪工具	【C】
移动工具	【V】
套索、多边形套索、磁性套索工具	【L】
磨棒工具、快速选区工具	【W】
画笔工具、铅笔工具	【B】
增大画笔大小（在画笔模式下）	【] 】
减小画笔大小（在画笔模式下）	【 [】
改变画面的硬度（在画笔模式下）	【Shift】+【 [】或【Shift】+【] 】
橡皮擦工具	【E】
仿制图章工具	【S】
历史记录画笔工具	【Y】
修复画面工具、修补工具	【J】
减淡工具、加深工具、海绵工具	【O】
钢笔工具、自由钢笔工具	【P】
添加锚点工具（在使用钢笔工具时）	【+】
删除锚点工具（在使用钢笔工具时）	【–】
路径选择工具、直接选择工具	【A】
渐变工具、油漆桶工具	【G】
吸管工具、颜色取样器工具	【I】
抓手工具	【H】
缩放工具	【Z】
默认前景色和背景色	【D】
切换前景色和背景色	【X】
切换标准模式和快速蒙板模式	【Q】
临时使用移动工具	【Ctrl】
临时使用抓手工具	【空格】
打开工具选项面板	【Enter】
标准屏幕模式、带有菜单栏的全屏模式、全屏模式	【F】

显示或隐藏工具栏、选项板和状态栏	【Tab】
显示或隐藏工具栏以外的其他面板	【Shift】+【Tab】
全屏为图片，即隐藏 PS 界面、菜单栏及所有的面板	【Tab】+【F】
放大视窗	【Ctrl】+【+】
缩小视窗	【Ctrl】+【-】

2. 文件操作

新建图形文件	【Ctrl】+【N】
用默认设置创建新文件	【Ctrl】+【Alt】+【N】
打开已有的图像	【Ctrl】+【O】
打开为……	【Ctrl】+【Alt】+【O】
关闭当前图像	【Ctrl】+【W】
保存当前图像	【Ctrl】+【S】
存储为……	【Ctrl】+【Shift】+【S】
存储副本	【Ctrl】+【Alt】+【S】
页面设置	【Ctrl】+【Shift】+【P】
打印	【Ctrl】+【P】
打开"预置"对话框	【Ctrl】+【K】
羽化	【Ctrl】+【Alt】+【D】
反选	【Ctrl】+【Shift】+【I】
色域警告	【Ctrl】+【Shift】+【Y】
图像大小	【Ctrl】+【Alt】+【I】

3. 编辑操作

还原/重做前一步操作	【Ctrl】+【Z】
还原两步以上操作	【Ctrl】+【Alt】+【Z】
重做两步以上操作	【Ctrl】+【Shift】+【Z】
剪切选取的图像或路径	【Ctrl】+【X】或【F2】
拷贝选取的图像或路径	【Ctrl】+【C】
将剪贴板的内容粘贴到当前图形中	【Ctrl】+【V】或【F4】
将剪贴板的内容粘贴到选框中	【Ctrl】+【Shift】+【V】
显示或隐藏标尺	【Ctrl】+【R】
自由变换	【Ctrl】+【T】
应用自由变换(在自由变换模式下)	【Enter】
从中心或对称点开始变换(在自由变换模式下)	【Alt】
取消变形(在自由变换模式下)	【Esc】
删除选框中的图案或选取的路径	【Del】
用背景色填充所选区域或整个图层	【Ctrl】+【Del】

用前景色填充所选区域或整个图层　　　　　　　　　　　【Alt】+【Del】

弹出"填充"对话框　　　　　　　　　　　　　【Shift】+【BackSpace】

从历史记录中填充　　　　　　　　　　　【Alt】+【Ctrl】+【BackSpace】

4. 图像调整

调整色阶　　　　　　　　　　　　　　　　　　　　　　【Ctrl】+【L】

自动调整色阶　　　　　　　　　　　　　　　　　【Ctrl】+【Shift】+【L】

打开曲线调整对话框　　　　　　　　　　　　　　　　　【Ctrl】+【M】

移动所选点（"曲线"对话框中）　　　　【↑】/【↓】/【←】/【→】

增加新的点（"曲线"对话框中）单击网格

删除点（"曲线"对话框中）按【Ctrl】再单击要删除的点

取消选择所选通道上的所有点（"曲线"对话框中）　　　【Ctrl】+【D】

使曲线网格更精细或更粗糙（"曲线"对话框中）按【Alt】再单击网格

选择彩色通道（"曲线"对话框中）　　　　　　　　　　【Ctrl】+【2】

选择单色（红/绿/蓝）通道（"曲线"对话框中）　　　【Ctrl】+【数字3/4/5】

打开"色彩平衡"对话框　　　　　　　　　　　　　　　【Ctrl】+【B】

打开"色相/饱和度"对话框　　　　　　　　　　　　　【Ctrl】+【U】

全图调整（"色相/饱和度"对话框中）　　　　　　　　【Ctrl】+【2】

只调整红色（"色相/饱和度"对话框中）　　　　　　　【Ctrl】+【3】

只调整黄色（"色相/饱和度"对话框中）　　　　　　　【Ctrl】+【4】

只调整绿色（"色相/饱和度"对话框中）　　　　　　　【Ctrl】+【5】

只调整青色（"色相/饱和度"对话框中）　　　　　　　【Ctrl】+【6】

只调整蓝色（"色相/饱和度"对话框中）　　　　　　　【Ctrl】+【7】

只调整洋红色（"色相/饱和度"对话框中）　　　　　　【Ctrl】+【8】

去色　　　　　　　　　　　　　　　　　　　【Ctrl】+【Shift】+【U】

反相　　　　　　　　　　　　　　　　　　　　　　　　【Ctrl】+【I】

5. 图层操作

从对话框新建一个图层　　　　　　　　　　　【Ctrl】+【Shift】+【N】

以默认选项建立一个新的图层　　　　　　【Ctrl】+【Alt】+【Shift】+【N】

通过拷贝建立一个图层　　　　　　　　　　　　　　　　【Ctrl】+【J】

通过剪切建立一个图层　　　　　　　　　　　【Ctrl】+【Shift】+【J】

与前一图层编组　　　　　　　　　　　　　　　　　　　【Ctrl】+【G】

取消编组　　　　　　　　　　　　　　　　　【Ctrl】+【Shift】+【G】

向下合并或合并链接图层　　　　　　　　　　　　　　　【Ctrl】+【E】

合并可见图层　　　　　　　　　　　　　　　【Ctrl】+【Shift】+【E】

盖印或盖印链接图层　　　　　　　　　　　　　【Ctrl】+【Alt】+【E】

盖印可见图层　　　　　　　　　　　【Ctrl】+【Alt】+【Shift】+【E】

将当前层下移一层	【Ctrl】+【［】
将当前层上移一层	【Ctrl】+【］】
将当前层移到最下面	【Ctrl】+【Shift】+【［】
将当前层移到最上面	【Ctrl】+【Shift】+【］】
激活下一个图层	【Alt】+【［】
激活上一个图层	【Alt】+【］】
激活底部图层	【Shift】+【Alt】+【［】
激活顶部图层	【Shift】+【Alt】+【］】
调整当前图层的透明度（图层面板的不透明度可供调节）	【0】至【9】
将图层转换为选区	【Ctrl】+单击工作图层

参 考 文 献

[1] 关文涛. 选择的艺术−Photoshop CS 图层通道深度剖析[M]. 北京：人民邮电出版社，2006（1）: 154.

[2] 关文涛. 选择的艺术−Photoshop CS 图像处理深度剖析[M]. 北京：人民邮电出版社，2005（1）: 312.

[3] 王永亮. Photoshop CS5 蜕变 数码人像后期处理宝典[M]. 北京：人民邮电出版社，2011（1）: 3, 7, 11.

[4] 崔颖健. Photoshop CS5 蜕变 数码人像后期处理[M]. 北京：人民邮电出版社，2011（3）: 23, 24.

[5] 周维. Photoshop 蜕变 人像摄影与后期[M]. 北京：人民邮电出版社，2011（9）: 25, 28.